秩序与变异

公共建筑设计的逻辑与实践

杨 劢 等著

化学工业出版社

·北京·

图书在版编目（CIP）数据

秩序与变异：公共建筑设计的逻辑与实践／杨勐等
著 . —北京：化学工业出版社，2022.11
ISBN 978-7-122-42109-8

Ⅰ．①秩…　Ⅱ．①杨…　Ⅲ．①公共建筑—建筑设计
Ⅳ．①TU242

中国版本图书馆 CIP 数据核字（2022）第 162471 号

责任编辑：刘晓婷　林　俐　　　　　　　　　　装帧设计：卡古鸟设计
责任校对：田睿涵

出版发行：化学工业出版社（北京市东城区青年湖南街13号　邮政编码100011）
印　　装：北京宝隆世纪印刷有限公司
787mm×1092mm　　1/16　　印张　11¾　　字数　229千字　　2022年10月北京第1版第1次印刷

购书咨询：010-64518888　　售后服务：010-64518899
网　　址：http://www.cip.com.cn
凡购买本书，如有缺损质量问题，本社销售中心负责调换。

定　　价：98.00元

作者介绍　　　杨　勐／华南理工大学建筑设计研究院设计六院副院长，国家一级注册建筑师、硕士生导师、高级工程师。先后师从全国设计大师陶郅、工程院院士何镜堂。设计领域包括文化建筑、教育建筑、体育建筑、办公建筑、产业园区、多功能建筑及综合体。带领的设计团队擅长从城市视角和个性体验入手，为客户提出具有创造性的整体解决方案，基本覆盖策略咨询、概念设计、城市设计、建筑设计、室内设计等项目设计的全部阶段。

许伟荣／华南理工大学建筑设计研究院设计六院二所所长、建筑学硕士、高级工程师。主张在设计中寻找最鲜明、最简洁的解决方案，在多样中创造统一，在同一中制造多元，通过建筑设计革新生活方式。获得奖项包括中国城市规划协会全国优秀城市规划设计奖三等奖，教育部优秀城市规划设计一、二等奖，广东省国土空间规划协会优秀规划二等奖，江苏省自然资源厅优秀国土空间规划（城乡规划）二等奖，广东省工程勘察设计协会奖公建二、三等奖。

李晖浩／现任职于华南理工大学建筑设计研究院设计六院，华南理工大学建筑学硕士、高级工程师。建筑设计关注建筑与人的关系、建筑与环境的关系、建筑与城市的关系，在对立中寻求统一。获得奖项包括教育部优秀勘察设计规划设计一等奖、江苏省优秀国土空间规划（城乡规划）奖二等奖、江苏省城乡建设系统优秀勘察设计三等奖、广东省注册建筑师协会建筑方案奖公建类三等奖。

李　斌／现任职于华南理工大学建筑设计研究院设计六院，华南理工大学建筑学硕士、高级工程师、一级注册建筑师。建筑研究与实践注重建筑、自然和人交互关系的营造。获得国内外奖项包括全国优秀工程勘察设计行业奖（公共建筑）二等奖、中国建筑学会建筑设计奖（公共建筑）三等奖、全国优秀城市规划设计奖三等奖、2019年IFLA Asia-Pacific Landscape Architecture Awards（国际风景园林师联合会亚太地区风景园林专业奖）建筑整合类荣誉奖。

序言

　　华南理工大学青年建筑师杨劢先生邀请我为他们的新书《秩序与变异：公共建筑设计的逻辑与实践》作序，我告诉他自己不够格。我研究的是职业教育，是学校管理，对于建筑完全是门外汉，什么建筑流派、建筑风格、建筑美学等等，我一无所知。但杨先生坚持要我写，他说自从 2009 年我服务的学校请他设计学校总规和单体建筑开始，我们彼此陪伴，彼此的事业几乎是水乳交融。于是我仔细阅读了他的新作，一帧帧美轮美奂的建筑设计作品映入眼帘，其书名"秩序与变异"更让我浮想联翩。

　　擅长大学校园总体规划和校园建筑设计的建筑师们都是自信的。在新校区的建设过程中，我接触过不少建筑师，他们每每谈起建筑风格、功能导向、结构布局等，总是眉飞色舞，令我折服和憧憬。但杨劢先生的团队不止于此。他们当然掌握了建筑的"一定之规"，对校园"刚性"规划和建筑设计轻车熟路，并且他们在不断寻求突破，依循"弹性"校园的建设理念重构建筑价值取向。我特别欣赏他们提出的观点："把大学校园看成一个动态生长的有机体，其生长的每一个阶段都是独立的、完整的，同时又是承上启下的，相应的校园规划结构也应该是分期建设的、弹性的、可生长的。这种'弹性'校园既可以适应校园空间未来发展的不确定性，又能使校园空间在合理的生长秩序下持续发展。"让建筑的"生长性"因循秩序生长，实现良性的、前瞻性的"变异"，这为未来建筑描绘出美妙的前景。

　　我由此想到了我们的教育。近些年教育总被人诟病，教育"内卷"其实就是固有秩序的衍生品。学校是最讲"秩序"的地方，校纪校规、学风师德、校训校歌等等都是秩序的体现，遵循这些秩序是无可厚非的。但如果固守"刚性"秩序一成不变，总希望把每一个鲜活的学生培养成整齐划一的标准产品，这是教育的初心吗？我们或者也应该寻求"变异"，构建开放的、弹性的、主动适配学生的全新教育体系，让"独立之精神，自由之思想"的旗帜为新时代的教育添一抹亮色。

记得哲学中有一对矛盾叫静止与运动。静止是相对的，运动是绝对的，动中有静，静中有动，静止是秩序与平衡的表现，运动是变异和突破的状态。"生长性"才是永恒的追求，正像新陈代谢是宇宙间永远不可抵抗的规律。想到这里，我忽然感悟到，世间事物都是相通的，"秩序与变异"是建筑的哲学，也是教育的哲学。原来我和杨勐先生的设计师团队在哲学的海洋中交汇了。仅从这一角度看，《秩序与变异：公共建筑设计的逻辑与实践》这本书对于建筑业的设计者们、对于学校管理者和建设者们都将大有裨益。

是为序。

陈洪星，湖南工贸技师学院原院长、教授、国家技工教育专家。

前言

　　秩序是隐藏在所有事物背后的原则。对于建筑来说，秩序是建筑生成的原则和逻辑，体现着建筑的本质和目的。建筑师面对的现实是各种各样的无序，当建筑师找到一种"关系"起到统摄作用使建筑达到逻辑组织状态时，建筑便顿时像有了生命一般，振奋而迷人！这种关系就是"秩序"，我们称之为建筑的"内在逻辑"。

　　建筑设计过程中，必然要考虑与场地环境的交互，与人心理情感的表达，与当地文化的传承延续等种种外在因素的关系，这些外在因素会直接或间接的影响建筑而导致其差异性。我们将外因引起的变化秩序称为"变异"，只有充分把握建筑与外在环境之间的"关系"，并充分利用和改善，创造性地解决它们之间的矛盾，才能使建筑融于环境中，从而充分实现自身的价值。

　　秩序与变异相伴相生，是同一现象密切联系的两极，是一种相互加强的互补关系。

　　本书是基于"秩序与变异"这一创作方法的思考与探索，同时也是近年来设计工作的阶段性汇总，希望各位同行批评指正。

目录

规划
Planning

校园规划

建筑
Architecture

规划

Planning

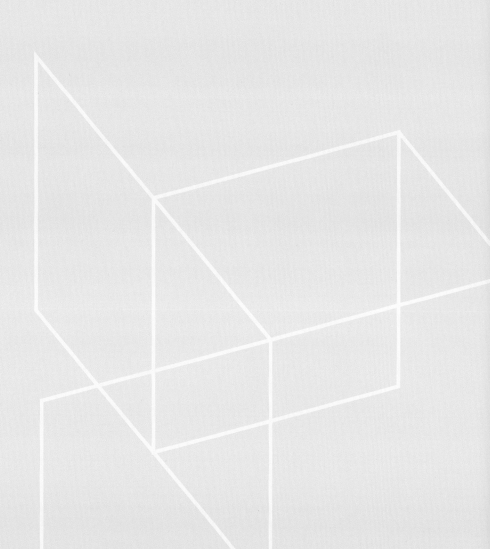

专题 秩序与变异
——基于网格控制的大学校园规划

20世纪末，我国进入知识经济时代，为了应对国际新机遇和新挑战，国家对科技、教育的投入和人才培养的需求不断增加。在这一过程中，大学产业迅猛发展，师生数量急速上涨，大学校园也迎来了合并、扩建、新建等大规模的建设热潮。随着国家教育机制的健全，人才培养模式的转变以及校园规划理念的升级，以往的大学校园规划逐渐暴露出各方面的问题，新时代的校园规划需要创新理念进行指导。

1. 当代大学校园的发展背景

1.1 从"刚性"规划到"弹性"校园

在大学校园快速发展的时期，我国出现了许多占地面积巨大，力求一次性规划成型，在短时间内实现最大化使用要求的"刚性"速成式校园。虽然这种校园能满足培养大量人才的需求，但其规划已然不符合现代教育模式的要求，存在许多不可调和的矛盾。例如校园规模扩大与土地紧张之间的矛盾；单一功能的教学建筑和复合化功能要求之间的矛盾；功能导向的规划理念和人性化使用之间的矛盾等。"刚性"规划最根本的问题在于缺乏"生长"特性，无法适应校园长期发展的动态变化需求。

"生长"最初是生物学概念，指"生物体或细胞从小到大的过程"。在其被赋予了社会学概念之后，"生长性"有了新的解读方式。当下的大学校园可以看成是一个动态生长的有机体，其生长的每一个阶段都是独立的、完整的，同时又是承上启下的，相应的校园规划结构也应该是分期建设的、弹性的、可生长的。这种"弹性"校园既可以适应校园空间未来发展的不确定性，又能使校园空间在合理的生长秩序下持续发展。

1.2 新时代的教育理念与校园发展态势

在知识经济的宏观背景下，高新技术、新兴学科和先进理论已经逐渐成为我国高等教育的重点关注方向，现代教育理念也发生了全方位的转变和升级。首先，教育目的由培养单一人才转变为创新复合型人才。其次，教育方式由单向灌输式教育转变为互动式教学。最后，教育内涵也从被动、片面式教育转变为多元自主、全面育人。

大学校园作为高等教育的主要阵地和物质载体，其发展必然受教育理念转变的影响。在校园的发展过程中，整体态势体现为从以往重"量"的外延式发展转变为重"质"的内涵式发展。一方面，大学的功能内涵日益丰富，大学校园与城市、社会的关系变得更加密切。另一方面，大学校园规划朝着集约化、复合化、弹性生长的方向发展，以满足大学可持续发展的长远需求。综上，当代大学校园的规划与建设应该探索一套符合现代教育理念的校园规划方法和理论体系，以适应新时代校园发展内涵和功能需求。

2. 网格控制与规划秩序

新时代高校的发展背景要求校园必须具备"生长性"。校园要"生长"就必须具备"根"和"枝"。"根"是校园空间发展的生命源，是弹性的母题，"枝"是校园空间发展的生命线，是生长的结构。网格控制法同时具备了以上两种生长特性，是符合弹性校园发展目标的规划手法之一。笔者近十几年所参与的三个大型校园规划设计项目（分别是2003年西安电子科技大学新校区、2011年北京中医药大学良乡校区和2018年南京航空航天大学天目湖校区）延续了弹性生长的规划理念，针对各自的场地条件和实际情况选取不同大小的网格结构，对校园空间进行高效集约的设计，共同探索大型综合校园空间结构的适应性设计策略。

2.1 单元结构

规划结构采用"化整为零"的方法，将建筑组群划分为若干个单元结构。单元结构如生命体的细胞单元，是校园空间发展的"根"。单元结构往往是具有相同或相近功能的建筑组团，如教学组团、实验组团、生活组团等，具有一定的弹性和灵活性，能随着校园的发展而动态调整。

在南京航空航天大学天目湖校区规划设计方案中，生活区宿舍组群是由规模一定、形态方整的四合书院单体结构排列组合而成（图1）。每个宿舍单元可以根据道路形态和网格结构进行错位、平移、延展，从而形成大大小小的公共院落，为学生提供丰富的活动场所。该宿舍群区别于传统学生宿舍，底层为共享开放的公共活动空间，利用连续的平台和连廊将所有宿舍单体串联起来，使得整个宿舍组群都处于统一秩序之下。此外，这种单元结构的布局方式具有一定的灵活性，可以根据未来发展需要增建相应的宿舍单元。

2.2 网格结构

网格控制线如枝叶一般，通过生长和交错形成网状的结构体系，从而实现单元结构有序生长。在大学校园规划中，网格结构包括了道路网格结构和建筑网格结构。道路网格是由若干纵横道路交叉形成的，通过有形的、高效的交通系统对校园空间进行一次划分。道路网格不仅是建筑单元的定位轴线，同时也是校园的

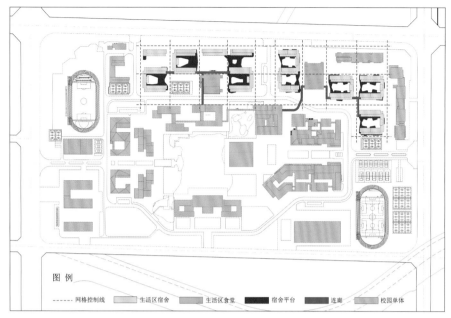

图 1 南京航空航天大学天目湖校区规划设区

发展骨架，可以随着校园的规模扩大而调整。建筑网格则是通过无形的、模数化的母题单元对校园空间进行二次划分。单元结构在网格的制约下纵横发展，同时交叉形成丰富的院落体系，为学科交叉、师生交流、资源共享提供了特定场所。

网格一般由若干交叉的线组成，平面形式有矩形、六边形、八边形等，以矩形居多。网格尺寸通常由校园实际情况和校园规划经验决定，受红线、日照间距、建筑尺度及人的使用需求等多方面因素影响。根据《城市设计：绿色尺度》，城市街区的宜人网格尺寸为（70 米 ×70 米）~（100 米 ×100 米）。基于城市街区的人性化尺度，大学校园规划在长久的实践中也形成了适宜的网格模数（表1）。以教学组团为例，根据常规教室大小及走廊宽度，其进深一般为 10 米（教室）+3米（走廊）。此外，结合层数（24 米以下的经济层数为 5 层左右）和日照要求（至少 25 米间距规范要求），进深约为 60 米，因此校园规划常用 60 米 ×60 米作为基础网格。但在实际的校园规划中，方案往往基于基础网格和校园具体情况进行适当调整，如在沈阳建筑大学（原沈阳建筑工程学院）新校区规划的投标方案比选中，中深建筑和 GMP 建筑的方案都采用了网格设计的手法，分别选择了 80 米 ×80 米和 75 米 ×75 米的网格。

3. 局部变异与空间层次

虽然模数化的网格控制具有空间形态规整、生长秩序合理、设计高效集中等方面的优点，但容易使校园空间均质化、形式化、单一化。校园空间的局部变异可以打破均衡，形成焦点，丰富校园空间层次。因此，笔者参与的三个大学校园

表1 大学校园规划的网格模数

项目			
	沈阳建筑大学新校区中标方案（中深建筑汤桦）	沈阳建筑大学新校区投标方案（GMP建筑）	台州学院椒江校区
学校占地	66万平方米	66万平方米	75万平方米
网格尺寸	80米×80米	75米×75米（建筑平面为60米×60米）	75米×75米
项目			
	西安电子科技大学新校区	北京中医药大学良乡校区	南京航空航天大学天目湖校区
学校占地	200万平方米	46.5万平方米	64.6万平方米
网格尺寸	75米×75米（教学区）60米×60米（生活区）	80米×80米（教学区）60米×60米（生活区）	70米×70米（生活区）

设计项目致力于突破网格结构的局限，寻求空间秩序之下的变异手段，试图探索出一套"秩序与变异"的空间设计与认知体系。

3.1 复合巨构变异

面对用地日益紧张的现状，高效复合的综合体建筑是校园建筑的发展趋势之一，其中包含了体量和组合形式都更为复杂的巨构建筑。教学巨构建筑通常由公共建筑串联而成，与周围其他建筑组团形成并联关系，师生可以通过便捷的交通体系到达各个组团。集约化的巨构组合建筑群不仅为师生交流、学科碰撞、信息共享提供了高效多元的学术环境，而且形成了校园个性化的焦点空间，是校园风貌的集中体现。

为了突破网格自身的单一性和均质性，同时避免校园主要分区的钟摆效应，西安电子科技大学从北至南规划成"学生生活区—学科系群—核心教学区—学科系群—教师生活区"五大功能区并置的形态。其中核心教学区由教学楼、图书馆和实验楼组成，以街区为设计理念，采用局部扩大网格结构的做法，通过建筑体块的围合、切割和穿插，形成开合有秩，收放有序的空间序列（图2）。大小不一、功能各异的建筑体块在大屋顶的笼罩之下化零为整，共同形成巨型的综合体建筑。这组功能复合的巨构是校园的地标性建筑，以其高大宏伟的建筑群形象形成学校主入口的第一印象。

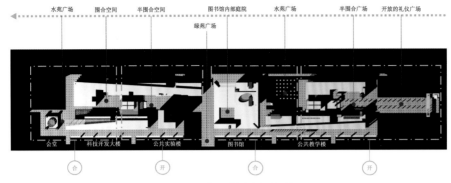

水苑广场　　围合空间　　半围合空间　　图书馆内部庭院　　水苑广场　　半围合广场　　开放的礼仪广场

绿苑广场

会堂　　科技开发大楼　　公共实验楼　　图书馆　　公共教学楼

合　　开　　合　　开

图2　西安电子科技大学规划设计

3.2 虚中心变异

大学校园通常会呈现出丰富的图底关系，但不协调的图底关系可能会影响校园空间体验性，例如集约型校园往往呈现高密度的图底关系，师生的活动空间被极大地压缩。面对这一问题，校园规划可以采用局部或中心空心化的手段，将"图"变为"底"，达到释放校园公共空间的目的。

在北京中医药大学良乡校区项目中，校园规划方案在容积率的限制条件下没有选择高密度的"满铺"做法，而是采用"中心绿带＋局部高层"的做法。集约化的规划布局既能满足容积率的要求，又能解决场地被城市道路分割的现实问题，加强了校园整体性。建筑组团沿校园中心绿带周边布置，依据网格结构形成横平竖直的有序肌理。在"针灸校园"的理念指导下，中央的绿化带在校园生命体的特定"穴位"布置小尺度的小品建筑，同时设计了"经络式"曲线景观步行长廊，形成了校园主体活力带，成为师生学习、生活和社交的重要场所（图3）。

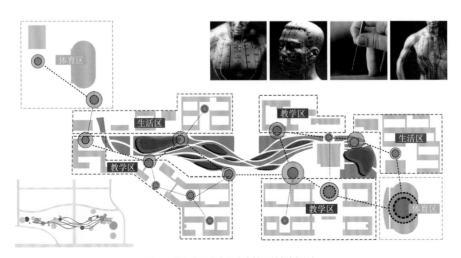

图3　北京中医药大学良乡校区的规划设计

3.3 局部造型变异

建筑群的外观造型通常是使用者对于校园印象的第一判断标准，大多数通过网格规划的校园能产生强烈的韵律感和节奏感，但过多的重复会给人单调无趣的审美体验。因此，校园的立面造型设计不仅要考虑建筑自身模数化生成的内外关系，而且要立足于校园历史文化和地域特点，提取独特的造型元素，在整体协调的建筑群造型中发生局部变异，从而组合形成特殊的校园印象。

南航天目湖校区方案围绕中央湖水展开布局，通过主环路将校园建筑分为内外两圈，其中公共教学楼、行政楼、图书馆等功能建筑布置在内圈，生活区、体育运动区、产业区等功能建筑布置在外圈。建筑组团基于网格结构进行有序的组织和排列，同时引入大大小小的院落，形成典雅的书院布局。为了打破网格和模数化带来的固有印象，近水的内圈建筑结合传统江南水乡特色，采用了平坡结合的现代屋顶做法。建筑临水面形成连续的山形界面，玻璃之外利用格栅形成二次界面，营造出暧昧模糊的立面观感，如同江南烟雨之下的山水画卷（图4）。此外沿水建筑组团通过景观、建筑一体化设计形成开放的"校园客厅"，为师生提供交流、学习、活动等多元复合的共享活动空间。

图4　南航天目湖校区中央湖水

结语

随着知识经济的到来，国家高等教育理念不断地进行转变和升级，大学校园的规划建设理论和策略也随之发生变化。基于可持续发展及弹性生长的校园规划理念，笔者根据自身的项目实践经历总结出一套"秩序与变异"的规划设计导则，通过层层递进式的策略实现完整的校园空间规划。基于网格控制的校园规划设计策略主要包含六个步骤：第一，通过置入合适的模数化网格体系对校园整体进行秩序把控；第二，在网格体系中满铺实体建筑单体或组团；第三，在"实"的校园底图上有机置入"虚"的绿化及公共空间；第四，根据基地环境及具体要求，在校园中因地制宜地置入校园主环路；第五，为了打破网格体系单一化和均质化的缺陷，局部置入变异因素，丰富校园空间层次；第六，通过合理地布置教学区、生活区及体育运动区，实现各功能区组团之间既紧密又独立的联系。此外通过预留校园发展用地，为校园的远期规划提供弹性空间。

虽然以网格结构作为设计手段的设计项目并不少见，但能真正落实并且与基地环境相契合的少之又少。面对情况各异的基地条件，笔者利用灵活的网格结构约束校园的规划结构，以局部变异突破网格局限，目的在于探寻一条适应性强、具有可操作性的校园规划道路。

01 南京航空航天大学天目湖校区

Tianmuhu Campus of Nanjing University of Aeronautics and
Astronautics

项目地点：江苏省溧阳市
设计时间：2018 年
施工时间：2019 年至今
占地面积：646210 平方米
建筑面积：692600 平方米
主要设计人：杨劢、李晖浩、许伟荣、林沁茹、祖延龙、李斌、刘凯、朱晓平、高浩、郑玉兰、罗梦婕

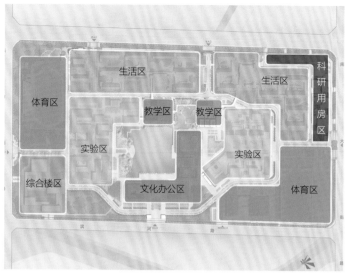

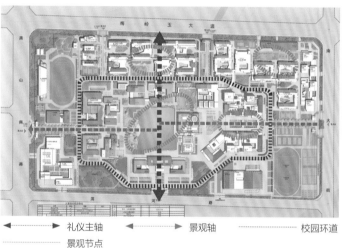

礼仪主轴 ◆——————▶ 景观轴 ◀——————▶ ·········· 校园环道

·········· 景观节点

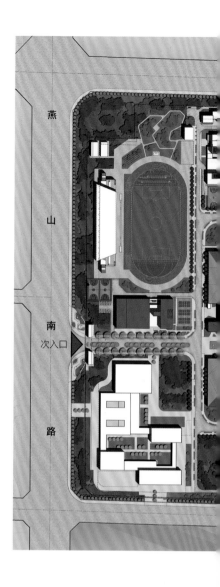

南京航空航天大学天目湖校区位于江苏省溧阳市，毗邻天目湖风景区。校区用地呈长方形，东西长约1100米，南北宽约600米，交通便利，距明故宫校区和将军路校区近110公里。

通过城市外部共融及校园内部复合，校园形成了文化办公区、教学区、实验区、生活区、综合楼区、体育区及专用科研用房区七个功能区。校园采用"一心两轴一环"的规划结构，南北向的礼仪主轴与东西向的景观轴相交于中心湖，各个功能组团以交通环道进行串联，彼此相互联系，形成教学、科研、生活相融合的内在关系脉络。

整体规划方案通过一套模数化的网格线控制建筑布局，形成弹性、可变、灵活的布局模式。校园围绕中心湖打造活力共享区，通过独特的建筑界面和形态塑造，使之与周边"和而不同"。

左上｜功能分区分析图
左中｜规划结构分析图
右上｜总平面图
右下｜网格结构分析图

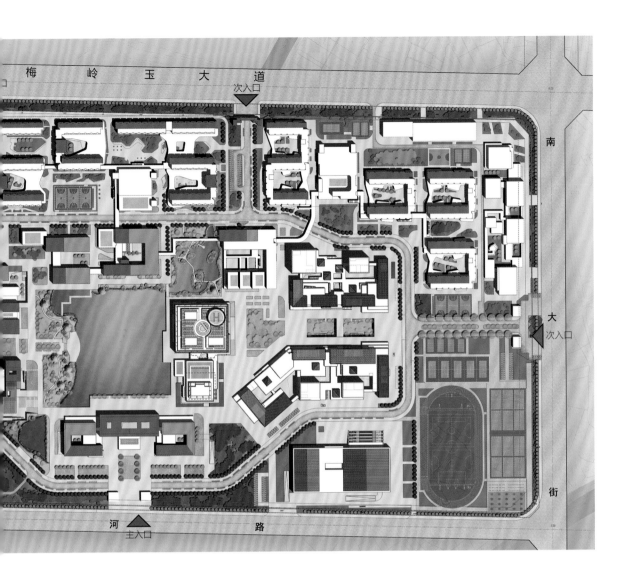

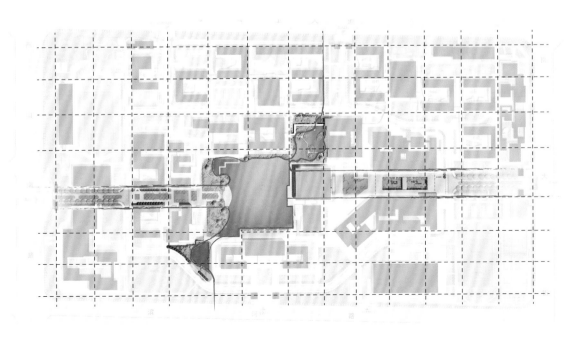

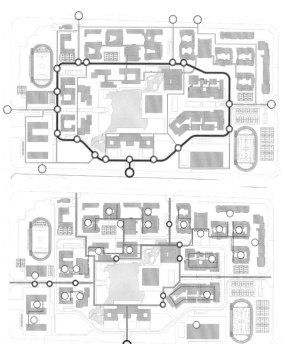

○ 车行主入口
○ 车行次入口
◎ 交通转换点
— 车行次支路
— 车行主环路

○ 人行主入口
○ 人行次入口
◎ 交通转换点
— 人行环廊
— 人行次支路
····· 人行天桥

注：图中虚线处为待建单体

校园设置了主环路联系各区，次支路保证各个建筑的可达性。校园机动车交通以不干扰教学、生活的原则进行组织，体现安全、效率，并和景观环境结合。

步行系统由景观步行带、连廊步道和滨水栈道组成。在组团内部以及组团之间设计了二层连廊、平台等步行系统，实现了生活、教学一体化设计和使用，使得各组团之间既独立又联系，同时提高了步行效率、丰富了步行空间层次。

左上 | 西侧鸟瞰图
左下 | 车行分析图和步行分析图
右下 | 北侧鸟瞰图

校园核心区的主要建筑临水设置，采用平坡结合的现代屋顶做法形成连续的山形界面，如同江南烟雨中一张展开的山水画卷。

　　A4、A5 基础教学实验楼位于天目湖校区西侧，主要功能为航空、电子、机类等实验室，是新校区的三大实验楼群之一，承担基础教学实验功能。建筑物被同时赋予严肃和活力两重属性。

　　在校园江南水乡整体风貌的大背景下，实验楼群采用线条硬朗的坡顶造型，与临湖区域柔美的坡顶建筑相区别。

学生宿舍立面颜色以灰白为主，首层以橘色异形体点缀其中，既与校园整体的江南水乡风格相呼应，又不失灵动与活力。立面材质采用保温一体板与涂料的结合，在保证经济性的同时，实现了良好的视觉效果。

食堂立面以橘色保温一体板、铝合金构件和玻璃幕墙进行虚实结合，并以渐变的竖向构件形成丰富的光影变化。

左｜二期生活区内庭院
右上｜食堂
右中｜食堂连廊
右下｜一期生活区内庭院

  风雨操场在整体造型上通过连续的坡屋面与竖向百叶结构的疏密排布，形成层叠、错落的中国传统江南水乡屋顶意向，同时也与校园的教学区在形态上形成呼应，体现校园建筑的地域性与文化性。

左｜风雨操场低点
右上｜风雨操场鸟瞰图
右中｜风雨操场室内
右下｜风雨操场局部立面

02 北京中医药大学良乡校区

Liangxiang Campus of Beijing University of Chinese Medicine

项目地点：北京市
设计时间：2011 年
施工时间：2012 年至今
占地面积：461276 平方米
建筑面积：499007 平方米
主要设计人：杨勐、许伟荣、李斌、李波、李晖浩

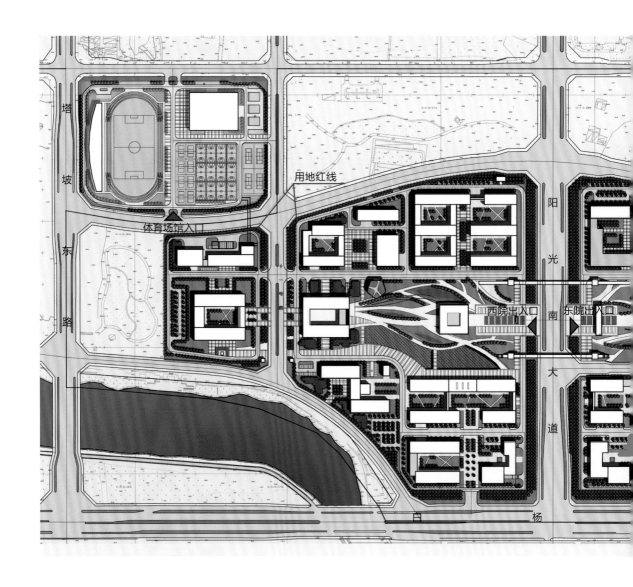

用地红线

体育场馆入口

塔坡东路

阳光南大道

西院出入口

东院出入口

白杨

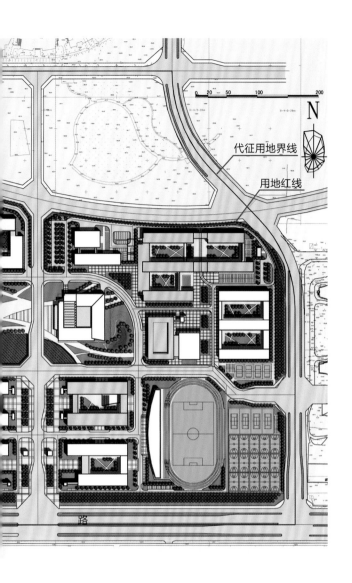

代征用地界线
用地红线

N
0 20 50 100 200

本项目位于北京市良乡高教园南部，校园用地被多条城市道路切割，容积率超过1.0，是典型的高密度校园。

整体规划延续传统的"天人合一"哲学观念，重视人与自然之间的和谐、联系与整体关系。借助"针灸和经络"的理念，创建联系不同地块的功能脉络。

规划引入网格系统，形成"集约布局，中轴对称"的主体结构。以集约化的布局退让出校园中央大面积的公共空间，创造出更多人与自然接触的生态场所，化解高容积率的不利影响。

路

上｜总平面图
左下｜卫星图（2022年）
右下｜网格结构分析图

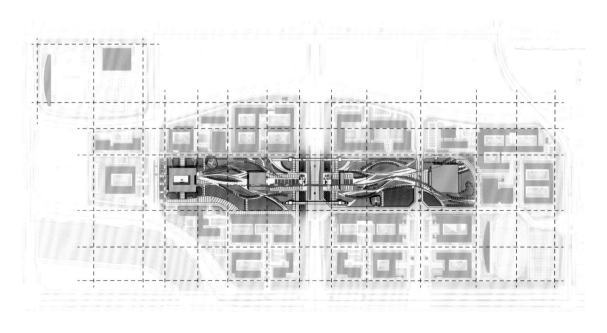

面对被城市干道切割的校园用地，结合中医学的基础理论，在用地中央引入一条极具活力的"经络绿脉"，将东西院联系起来，使之成为一个有机整体，并实现了学校内部交通与城市交通的分离。

此外，通过在绿脉的重要"穴位"引入小尺度构筑物，结合开敞连续的绿化步行长廊，激发校园内在活力，同时打破网格秩序的均质性。

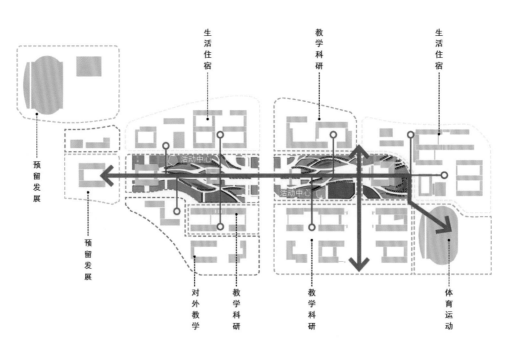

生活住宿

教学科研

生活住宿

预留发展

预留发展

活动中心

活动中心

对外教学

教学科研

教学科研

体育运动

上｜鸟瞰雪景图
左下｜规划结构图
右下｜设计阶段模型

03 湖南工贸技师学院

Hunan Technician College of Industry and Commerce

项目地点：湖南省株洲市
设计时间：2009 年
竣工时间：2018 年
占地面积：16.12 万平方米
建筑面积：13.88 万平方米
主要设计人：陶郅、杨劲、刘琼晓、李晖浩、吕英瑾、罗伟明、许伟荣、袁志华

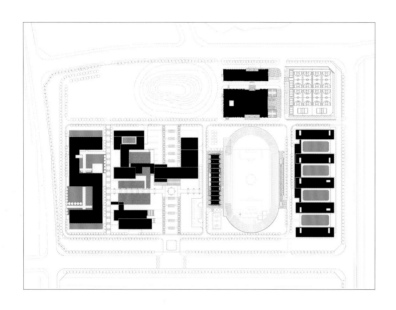

　　湖南工贸技师学院位于株洲云龙示范区，是株洲职教大学城首家入驻院校，可容纳全日制学生6500人，并满足每年10000人次短期培训需求。

　　规划最大限度地保留了校园北部原有的山体，建筑群则高密度地布置在除山体和运动场地之外的其他用地上。去除山体面积，学院建成后容积率达1.14。在可建设用地条件紧张的情况下，项目采用集约化的布局策略，以缓解基地较小但建设量较大的矛盾。

｜校园规划｜

现代校园功能日益高度复合，如何将细致而繁杂的内容有机整合于严苛的地形条件中成为校园规划的关键问题。在不改变建筑密度的前提下，通过对土地进行立体化利用，能达到在有限用地内提高开发强度的目的，极大地提高校园的紧凑度。立体化开发需通过一体化设计来实现，规划采用并置与叠合、串联与并联等手法实现功能空间的高度共享和高效利用，创造多样化的新型复合空间。

左上 | 图书行政综合楼连廊
左下 | 理实一体化实训楼
右上 | 图书行政综合楼内院
右下 | 校园规划结构图

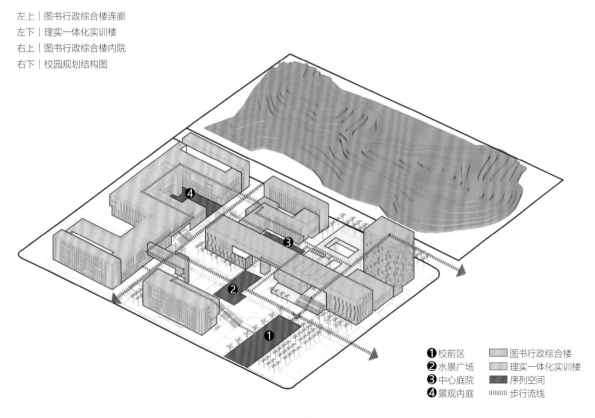

❶ 校前区
❷ 水景广场
❸ 中心庭院
❹ 景观内庭

▢ 图书行政综合楼
▢ 理实一体化实训楼
▢ 序列空间
‖‖‖‖ 步行流线

为了向校园提供尽可能多的大面积
集中绿地和开放空间，以及多样性的休
闲娱乐场所，本规划采用集约化的建筑
布局。规划中将公共教学楼、实训车
间等不同使用功能的建筑相互组合，在
尊重现有地形地貌的前提下，构成具有
多种使用功能的、空间丰富的建筑综合
体，形成一个集约化的核心教学区建筑
群落。

左｜图书行政综合楼内院
右上｜图书行政综合楼低点
右下｜院落人视图

04　湖南铁路科技职业技术学院
Hunan Vocational College of Railway Technology

项目地点：湖南省株洲市
设计时间：2009 年
竣工时间：2013 年
占地面积：409590 平方米
建筑面积：224500 平方米
主要设计人：陶郅、杨劢、陈子坚、陈坚、陈煜斌、李晖浩、许伟荣、田苗

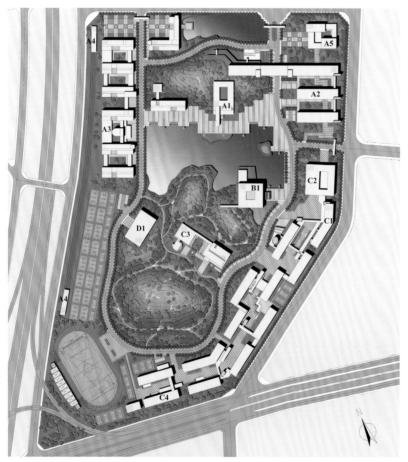

A1- 图书馆　　A2- 公共教学楼　　A3- 实训中心　　A4- 铁路专用站房　　A5- 成教培训中心　　B1- 科研综合楼
C1- 学生宿舍　　C2- 学生食堂　　C3- 学生食堂 / 学生生活中心　　C4- 教职工单身公寓　　D1- 风雨球场

左｜总平面图
右｜校园鸟瞰图

湖南铁路科技职业技术学院地形狭长，内部有两个较大的山体及水系，实际可以用于建造校区的用地范围并不充足，作为普通高校建设基地形态并不理想。

　　设计师对场地进行了从地形、台基到建筑的整体规划。校园规划以尽可能保留原有生态格局为指导思想，强调人与自然的和谐共生。充分尊重现有地形地貌，保留原有地理景观，建筑则依山就势，整体规划严谨而理性地融入蜿蜒的山水形态之内，强调了自然景观环境对校园空间结构的决定意义，完成了对湖南典型丘陵地貌的回应。

左上｜科研综合楼低点
左中｜图书馆入口
左下｜图书馆低点
右上｜景观结构分析图
右下｜校园入口鸟瞰图

整个项目沿山势建立起完整而有机的标高系统，以山溪为东西向脉络、山坡为南北向脉络，形成细腻、丰富的山地群落体验。

山水脉络配合围绕中心景观区的校园环道理性地分隔校区用地，教学区、实训区、校前区、体育运动区、学生生活区在湖光山色之间依次展开，共同组成一个有机的校园整体。

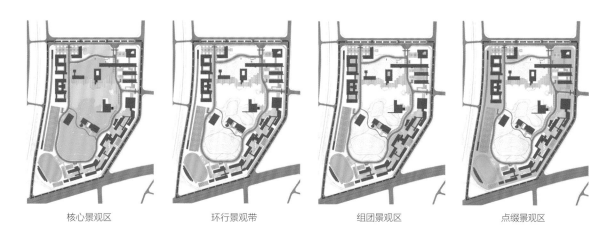

核心景观区　　　　　　　　　环行景观带　　　　　　　　　组团景观区　　　　　　　　　点缀景观区

校园中心区位于校前区更为壮丽开朗的山水背景之中。科研综合楼、图书馆、风雨操场等点式的建筑形体与环境共同构成中心区最重要的图底关系，其中科研综合楼以其独立的体量和高度成为本区域的核心。

右｜科研综合楼
下｜图书馆半鸟瞰

05 福建工程学院旗山校区

Qishan Campus of Fujian University of Technology

项目地点：福建省福州市

设计时间：2005 年

施工时间：2006 年至今

占地面积：94.26 万平方米

建筑面积：50.19 万平方米

主要设计人：陶郐、杨劢、郭钦恩、陈坚

左｜卫星图（2021 年）

右｜鸟瞰图

福建工程学院旗山校区采用"规划-建筑-景观"的整体设计模式。将建筑群与自然山水地形有机融合，尊重和响应现有地形的特征，追求建筑在自然环境中适度的自由表现，使山水景观和校园生活和谐共存。

校园用地内河网众多、植被良好。北校区对原有水系中的集中水面进行改造，形成开阔的湖景。南校区的水系将用地分解得十分零散，仅保留其中一条与溪源江连接的河道进行改造，形成生活区内的一条水街。通过水系的调整，保留了原有的生态环境，同时使建设用地相对完整便于规划。调整后的水系与环绕校园的溪源江共同形成溪、塘、湖、江的多层次景观。

自由流畅的道路系统和蜿蜒活泼的水系形成了轻松活泼的校园结构，山体成为校园的制高点和轴线的对景，强化了景观要素对校园空间的决定意义。理性与浪漫交织的规划布局使校园公共生活空间与景观相互融合，体现出对理工科大学生的人文关怀。

06 西安电子科技大学南校区
South Campus of Xidian University

项目地点：陕西省西安市
设计时间：2003 年
施工时间：2004 年至今
占地面积：206 万平方米
建筑面积：103.4 万平方米
主要设计人：陶郅、杨勐、谌柯、郭钦恩、陈坚

学生生活入口　　　　　学术交流中心入口

③

④

②

①

主入口

②

④

⑤

体育中心入口

教工次入口

N

教工生活入口

❶ 核心教学区　❷ 学科系群

❸ 学生生活区　❹ 运动区　❺ 教师生活区

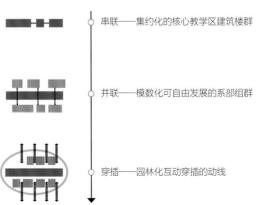

串联——集约化的核心教学区建筑楼群

并联——模数化可自由发展的系部组群

穿插——园林化互动穿插的动线

　　大型校园规划通常采用自由的组团式布局，西安电子科技大学南校区规划是国内大学规划中，将各种不同的教学、实训、阅读功能串联起来以校园巨构楼群进行呈现的最早尝试。以巨构楼群为核心，分别向外围并置排列学科系群、学生及教师生活区，以街区为设计理念，采用局部扩大网络结构形成校园的整体秩序。

校园共设置了两类网格。一是道路网格。核心教学地块和南北两侧的生活区分别采用200米×200米和100米×100米的网格。二是建筑网格。系群建筑以75米×75米的网格进行排列，而生活区建筑采用60米×60米的网格进行组合。

左上｜总平面图
左下｜生成分析图
右上｜网格分析图
右下｜卫星图（2022年）

规划中将不同功能的建筑：公共教学楼、图书馆、公共实验楼、科技开发大楼进行分组，形成各自不同归属的空间，并将其建筑空间单元相互串接起来，保持一种彼此流通、延续、渗透的状态，从而构成使用功能多样、空间丰富的建筑综合体，形成集约化的核心教学区建筑楼群。

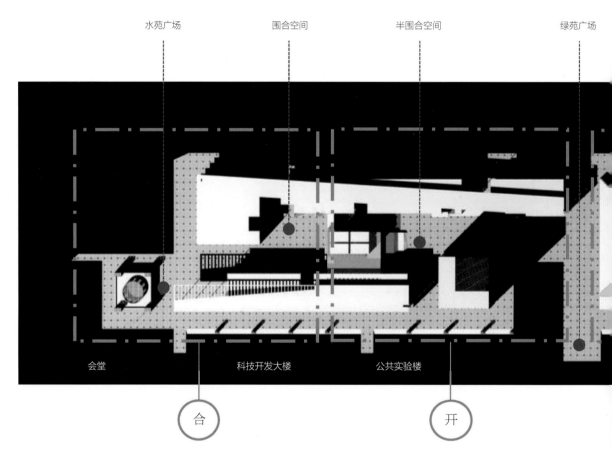

水苑广场　　围合空间　　半围合空间　　绿苑广场

会堂　　科技开发大楼　　公共实验楼

合　　开

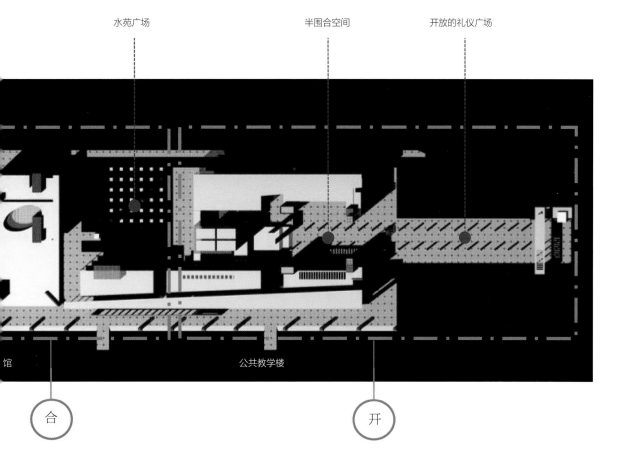

水苑广场　　　　　　半围合空间　　　　　开放的礼仪广场

合　　　　　　　　　　　　　开

馆　　　　　　公共教学楼

上｜模型照片
中｜巨构分析图
下｜核心教学区效果图

专题　集约化可自由发展的个性化校园
——西安电子科技大学与河南农业大学新校区规划设计

针对目前教育用地紧张的现实情况，以西安电子科技大学与河南农业大学新校区两个集约化的规划设计为例，对校园规划设计的一种新型模式进行探索。应用城市、建筑一体化的设计方法，在校园内营造以大体量的巨构教学楼群为中心，各系部组团在模数化的约束下自由排列、开合有序的个性化空间。

由于土地供给的不足，高校建设规模的紧缩，人们对集约式校园的呼声渐高，以节约有限的土地资源并保证尽可能多的高质量建筑使用空间。

1. 集约化在高校建设中的迫切性

1.1 建筑功能复合化的要求

大学是一个微缩的城市，新建大学的规划人口基本上超过万人，因此在规划设计中，也必须运用系统的、整体的、综合化的城市规划概念和思维方式进行设计。

城市、建筑、交通一体化成为当代城市和建筑的一种新趋向，多功能的混合在城市建筑中随着城市生活的日益丰富而相当普遍。城市的综合开发对建筑功能提出了综合性和灵活性的要求，韩冬青在《城市·建筑一体化设计》一书中将城市·建筑一体化设计的空间组合方法归纳为分离、复合、穿插、串联、并联和层叠。

1.2 科学利用土地资源的要求

大学新校区的建设占用的大多是农业用地，大规模的圈地造成了土地资源的浪费和闲置，全面开花的建设模式耗费大量的资金，甚至影响到学校正常的教学科研。因此近年政府反复强调"十分珍惜、合理利用土地和切实保护耕地"的基本国策，要求坚持勤俭办学，切实提高教学科研用房的利用率。

笔者对近年内参与的校园规划设计进行了粗略的统计，2006年之前很多校区的容积率在0.4~0.6之间，个别学校甚至低于0.4。近期各省新出台的用地控制指标中均对教育建设用地的容积率和建筑密度进行了严格规定，校园规划容积率普遍要求大于0.6，福建省明确规定容积率不得低于0.8，容积率的提高要求校园规划的布局进一步向集约化方向发展。

2. 规划原则

2.1 集约化的核心教学区建筑楼群——串联

"若干不同归属的建筑空间单元相互串接起来，不设严格的空间分割，保持一种彼此流通、延续、渗透的状态。"将独立的教室进行简单排列组成教学单元，再将教学单元串联起来形成公共教学楼群；公共教学楼群、公共实验楼群、图书馆等学校的主体单元，结合部分教学服务设施形成知识服务的核心，各教学单元则紧密围绕这一核心而形成核心教学区，并通过现代的信息和网络技术连接各个组成部分，进而形成高效、便捷、共享的智能型教学环境，有利于不同学科之间的交流互动，激发思想的火花，产生出新的知识、新的学科。

西安电子科技大学新校区（图1）占地206万平方米，规划人口超过30000人。规划设计中采用集群式布局的设计模式将核心区以一种巨构的形象展现出来，并且使教学单元更加紧凑，产生较好的集聚效应。

河南农业大学新校区规划（图2）则要求在74万平方米建设净用地内建设近60万平方米的校舍，并包括约10万平方米的体育场地，校园容积率几乎等于1。为了尽可能多的留出绿地和广场空间，采用集约化的布局较为适宜。

图1 西安电子科技大学新校区鸟瞰图

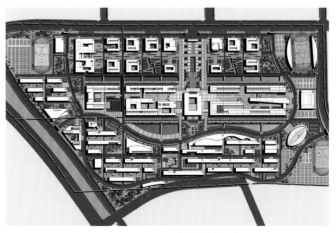

图2 河南农业大学新校区规划设计

集约化的布局减少了重复建设，节省了建设成本，土地和资金的节约是校园集约化的最直接和显性的优点。自然资源、人力资源、财政支出等方面的节约不仅提升了社会效益和经济效益，而且降低了校园开发建设对生态环境的破坏。功能和空间使用的高效化才是校园规划最重要的核心内容。

2.2 模数化可自由发展的系部组群——并联

系部组群是由校内各学院的教学和办公组成，高年级的学生在进行专业学习时大多离开公共教学区，进入专业教室，因此各学院独立的建筑组团更适应专业化的要求。规划地块中央留出足够核心教学区发展的用地并以环路包围，环路外围设置150~200米的方格路网作为各学院的单元用地，每个建筑组团均运用一种模数化的组合方式，每栋建筑均以60米×60米的正方形平面进行叠加、错位、分离，形成丰富有趣的空间形态和外部环境。并联是"不同功能空间分别与公共交通空间相连，在各自保持相对独立性的同时，又构成彼此相通的关系"。西安电子科技大学现设13个学院，从中心区发散和派生出的各个系部组群呈卫星状围绕核心教学区自由排列，专业学科系群彼此独立又相互联通，形成以巨构为主体（图3），学生跨越绿环联系生活区的规划结构（图4）。河南农业大学现考虑在规划中设置5个学科组团，将其全部设置在核心教学区的北侧，南侧设置学生生活区，通过肌理的设置形成点线面组合的理性布局，使新校区在建设用地紧张的情况下产生疏密有致、高低错落的建筑形态（图5）。

这种有规律的平面组合方式的规划布局，使学校在现有规划用地和预留地进行建设时，可以遵循最初的秩序进行自由发展和生长，而不会产生混乱；并可以随意调整院系之间的关系，最大限度满足校方提出的使用要求，同时不会对规划结构产生不良影响。

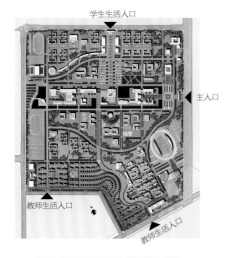

图3 西安电子科技大学的学科系群

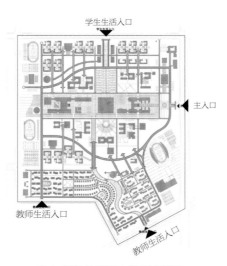

图4 西安电子科技大学的交通环路

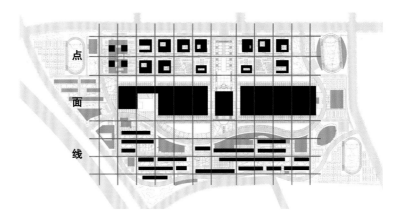

点

面

线

图5 河南农业大学规划布局

2.3 以巨构为主体的个性化空间组织

大尺度建筑表现出对伟大自然界的致敬，巨构的体形可以产生强烈的视觉震撼，对于树立校园的标志性形象，营造个性化校园空间都十分有利，而且建筑空间的创新可以给师生带来全新的空间体验。在相同的占地面积的情况下，集约化的巨构能提供更多的高品质的交往空间、休闲空间、服务空间、娱乐活动空间，能激发和促进多样化的活动类型。

西安作为世界历史名城，其建筑应发扬独有的地域文化特色。建筑师张锦秋对西安的历史文化定位是"周""秦""汉""唐"，这四个朝代的建筑风格均强调简洁、宏大。方形的城郭、格网式的道路、皇宫居于中央的城市格局最早出现在在西安。由古城墙围成的四方城，秦砖汉瓦叠砌的城墙承载着长安千年文化的厚重。西安电子科技大学新校区的巨构主要考虑在文化继承基础上进行个性化空间组织。对于城墙的记忆在巨构中通过高大、简洁、整体的立面进行体现，用现代的元素向伟大的城墙致敬（图6）。城市色彩的记忆表现为灰色。灰色意味着沉稳和厚重，同时灰调子也具有现代性。在整个校园规划中采用灰色作为主色调，并在灰色调中变化出不同的风格与特色，体现出对城市色彩的继承（图7）。

河南农业大学的新校区用地十分平坦，在规划中刻意将图书馆的基座抬高，成为整个校园的视觉中心，核心教学区的建筑则采用连续错落的坡顶形式，形成连绵起伏的山体背景，在围合的水体的呼应下，产生山水校园的意境（图8）。公共教学楼、图书馆、公共实验楼组合形成的建筑复合体，是整个校区的主体骨架。在主体骨架上通过建筑的围合和穿插，形成跌宕起伏的建筑群体空间。以图书馆为中心的开放的礼仪广场—公共教学楼半围合的狭长广场—逐渐升高的内街空间—博物馆前的开阔水景，形成一系列开合有秩的空间序列。以灰色面砖体现校园的历史感与人文性，局部配以白色，形成明亮轻快的总体效果（图9）。

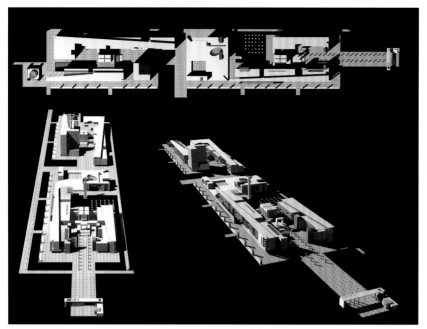

图6 西安电子科技大学的城墙意象

图7 西安电子科技大学的主色调

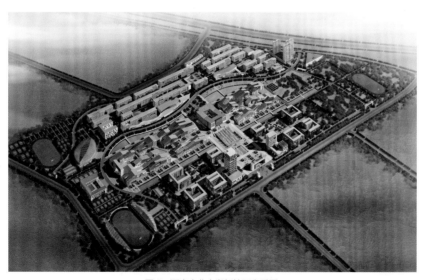

图8 河南农业大学新校区鸟瞰图

｜校园规划｜

图 9　河南农业大学新校区的主色调

结语

　　集约化的设计模式更注重土地的使用效益，以节约校园土地为指导思想，追求"低密、高容、立体化"的发展方向，适于营造更加复杂多变的校园空间。不同于中国传统的低密度校园规划，更倾向于日本、中国香港等地位于城市中紧凑布局的大学规划。在建设用地逐渐收紧的今天，这种设计方法逐渐体现出它的先进性，对近期我国校园规划有一定的参考意义。

07 国家生物育种产业创新中心

National Biological Breeding Industry Innovation Center

项目地点：河南省郑州市

设计时间：2020 年

施工时间：2021 年至今

占地面积：350 亩（约 23.33 万平方米）

建筑面积：18 万平方米

主要设计人：杨劢、李斌、刘凯、祖延龙

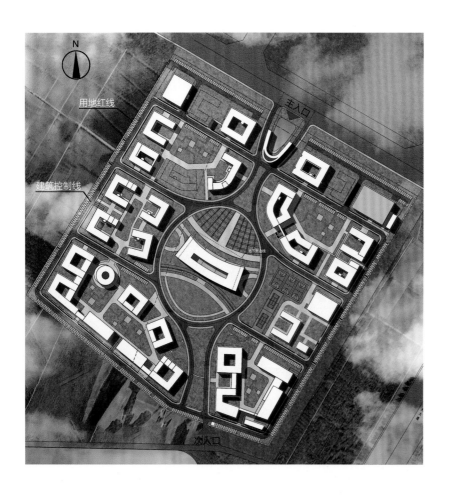

　　方案设计以种子发芽破土而出的瞬间为意像，对周边网状道路形成挤压与扭曲，打破陈旧单调的格局。科研服务区位于园区中心，犹如整个规划的"母细胞"，其他区域通过生态景观带相互串联接起，犹如在园区中植入一条诱发细胞突变的"基因链"，激发"母细胞"分裂与繁殖，形成多适应性的细胞单元，创造差异化空间与新的可能，孕育出现代高效的产业研发生命体。

最初项目位于另一处地块，基地原是一片麦田，因此设计的出发点是希望可以感知地下新生的力量。设计提取植物细胞结构及DNA元素，融入规划肌理内。

方案中标之后，建设地块发生变更，我们延续着原有设计的线索与逻辑，在新建设地块上保留了设计的整体布局结构。

相较原有地块布局结构，现建设项目布局更为工整。以完整的圆挤压规整网格结构，被挤压区域既各自成组，又相互联系。

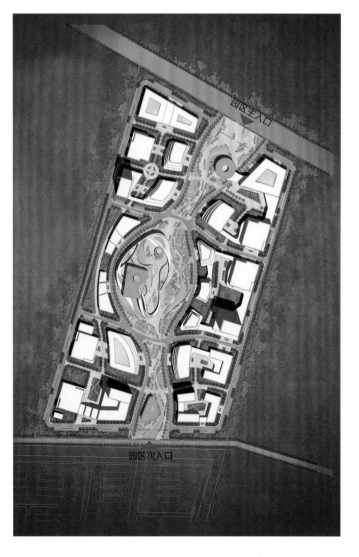

左 | 原规划总平面图
右上 | 原规划鸟瞰图
右下 | 原规划生成分析图

| 产业园规划 |

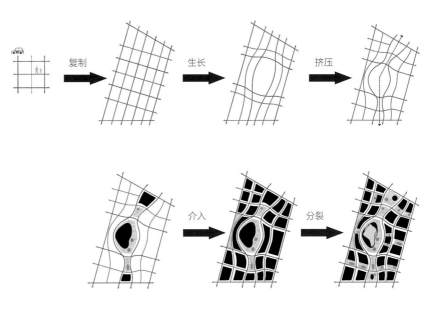

　　园区构成多元化的功能布局：产业单元、配套服务、景观要素交错布置。多适应的细胞结构具有丰富的可变性，可根据市场需求不断进化形成多平台研发集群，建成育种实验、企业孵化、中试与生产、成果发布、国际交流和人员培训于一体的科技园区，引领未来科创小镇建设的起点。

左上｜入口效果图
左下｜综合信息服务中心北立面效果图
右上｜综合信息服务中心南立面效果图
右下｜入口鸟瞰图

08 东莞松山湖国际创新创业社区

Dongguan Songshan Lake International Innovation and
Entrepreneurship Community

（原松山湖大学创新城）

项目地点：广东省东莞市
设计时间：2013 年
竣工时间：2021 年
占地面积：204509 平方米
建筑面积：533729 平方米
主要设计人：何镜堂、杨勐、许伟荣、郭卫宏、李斌、李波、刘伟庆、罗伟明、朱晓平、祖延龙等

A 研究院
B 研究院
C 材料实验室
D 研究院
E 创投大厦
F 创新服务中心
G 研究院
H 人才公寓

东莞松山湖大学创新城的理念和运作模式与珠三角的产业战略不谋而合，珠三角近年被进一步提升为"国际创新创业社区"。东莞将以此为起点，延伸松山湖科学城的科学功能，在新一轮国际科技竞争和合作中抢抓机遇，推动东莞经济高质量发展，为东莞市、广东省、大湾区的创新创业发展作出应有的贡献。

  方案形成"一湖两岸，四区共心"的基本格局。四个建筑组团沿水系两岸布置，各自成团，通过中央共享区互相联系，科研、工作、生活、娱乐一体化。产业布局链条化的创新小镇形成适应"院地合作"的园区结构组织模式。

  利用中心水体和高低起伏的现状地形，形成区域空间、组团空间、院落空间和建筑空间四个层级的空间系统。不同尺度的空间随地形高低起伏互相渗透，空间视线通而不透，建筑与景观相互交融形成多处对景。

        | 产业园规划 |

左 | 鸟瞰图
右上 | 人才公寓
右中 | G 区研究院
右下 | G 区研究院

左上 | C 区重点实验室 1
左中 | C 区重点实验室 2
左下 | A 区孵化器
右 | E 区步行街入口

　　建筑设计尊重原生地形，形成富有趣味的立体空间。充分利用原始地形，采用适应复杂地形和容积率建设的建筑形式，引入地景式建筑和大量架空层，减少土方量，并形成开敞、多样、富有趣味的空间。

　　方案不但在规划层面充分考虑适应"院地合作"的规划模式，还从建筑设计层面切入，提供众多供科研人员交流的开放空间。研究院组团和其他组团性格迥异，特色分明。

方案以特色产业为主导，注重全程化和链条化的产业链打造，提供专业的全流程产业服务和完善的生活配套。园区设计更加开放，更加注重发展规模、密度和交通三者的关系，具有高度复合化的元素，已成为城市功能的一部分。项目从"知识型园区"走向"知识型城区"，形成了生产、生活、生态融合的，产城一体的创新示范社区。

左｜创投大厦低点
右上｜创新配套服务区沿湖低点
右下｜创新配套服务区沿湖商业

09　东莞松山湖创新科技园

Dongguan Songshan Lake Innovation and Technology Park

（原松山湖科技产业园区科学苑）

项目地点：广东省东莞市
设计时间：2008 年
竣工时间：2010 年
占地面积：142205 平方米
建筑面积：119814 平方米
主要设计人：何镜堂、刘宇波、杨劲、包莹、吕英瑾、王黎等

左｜总平面图
右｜鸟瞰图

科技园突出体现东莞当地悠久的地域文化特点以及高科技时代建筑发展的最新成就，顺应松山湖整体规划思想，借鉴了岭南园林的设计手法，创造宜人的岭南庭院尺度和空间模式。

科技园的规划设计以生态环保意识为指导，强调人与自然共存，设计中充分尊重现有地形地貌环境，保留山体，利用各种适宜的技术手段减少建筑能耗，促进办公环境的无害化，满足节能和环保的要求。

左｜1号楼局部
右｜1号楼地景

　　1号楼以庭院围合式布置，形成中庭空间。2至4号楼顺应地形按照南北向三栋平行设置，以底层平台相连。7号楼结合山丘而建，建筑嵌入山体，把首层部分功能藏在山体里，从而形成大面积的草坡，为人们提供更为舒适优美的景观环境。

　　8号楼以长条形的姿态环抱山体，最大限度地将山体景观引入建筑内部。9至11号楼三栋建筑以点状散布于两个山体当中，每个建筑都有一个立面朝向山体，将山体景观引入室内，提升建筑内部办公环境的质量。

左｜中心湖景
右上｜3号楼局部
右中｜4号楼局部
右下｜5号楼局部

建筑
Architecture

10　斗门区党史馆
Doumen District History Museum of the Communist Party of China

项目地点：广东省珠海市
设计时间：2021 年
施工时间：2021 年至今
占地面积：19782 平方米
建筑面积：6404 平方米
主要设计人：杨勐、李斌、刘凯、朱晓平、李晖浩、林沁茹、刘彩霞

规划通过扩展延伸"齿梳式"村落肌理，采用网格化的平面规划，挖掘出隐藏在基地内的空间秩序，实现党史馆与乡村的有机融合。

场地内新与旧、内与外、人与事的相互交织塑造出错落、多孔、变异而有趣的院落围场。正是这种存在于秩序中的变异，使党史馆成为联系党群关系，促进乡村振兴的发生器。

左上｜东侧鸟瞰图
左下｜网格规划图
右｜总平面图

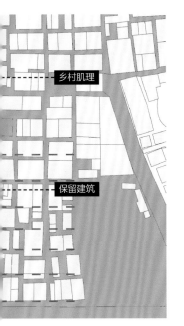

乡村肌理

保留建筑

村办公
区入口

主入口

村委办
公入口

卫生站入口

党史馆办公入口

设计的灵感源自岭南园林。方案依东西主轴线形成两大院落，院落通过连廊与围墙再细分成若干小庭院，院落之间彼此连通，形成洄游式的空间路径，让人在游览之中获得自然与放松。

左上 | 沿街效果
左下 | 庭院内景
右上 | 首层平面图
右下 | 入口效果图

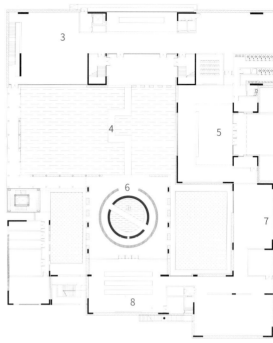

1 商铺　　　　2 报告厅
3 党建成果展　4 水庭
5 门厅　　　　6 "共产党宣言"展厅
7 党史展　　　8 放映厅

11 网龙星纪园学校
Star Epoch Academy School of NetDragen

项目地点：福建省福州市
设计时间：2018 年
竣工时间：2020 年
占地面积：42652.3 平方米
建筑面积：25347.18 平方米
主要设计人：杨劢、李晖浩、刘凯、高浩

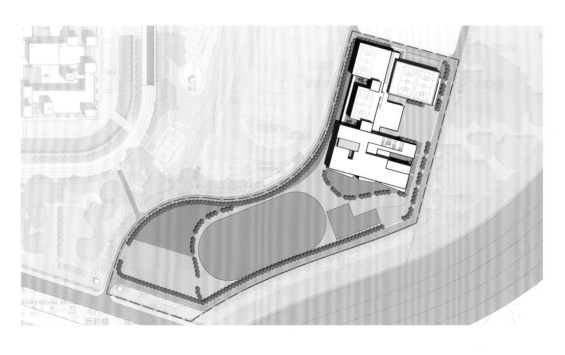

文教建筑

项目位于中国东南沿海的福州市长乐区，是一所临近海边的学校。气候特征为明显的大风和风沙。如何利用好沿海的景观资源同时又避免大风和风沙对学校环境的影响成为设计的出发点。

为了充分利用海景优势，我们把建筑错位搭接。把原本属于首层的活动场地，铺贴在错落的方盒顶部，使得海浪、海风和海景通过这层介质渗透进入建筑，同时，学生通过这层介质亲近大自然。

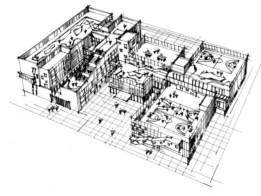

上｜沿海低点
左｜总平面图
右上｜概念草图
右下｜教学楼望海庭院

左上 | 入口院落
左中 | 体育馆低点
左下 | 教学楼低点
右 | 结构分析图

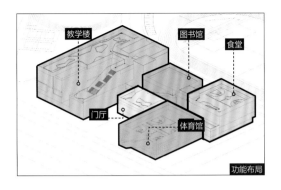

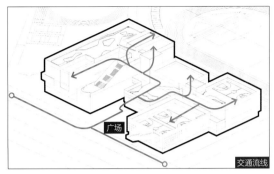

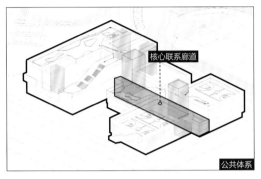

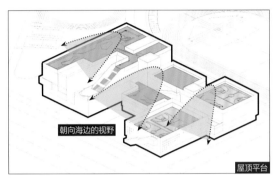

　　项目把多个功能方盒集聚在一起，以室内中央连廊串联，内部使用不受天气干扰。教学区、图书馆、报告厅、食堂、舞蹈教室以一条连廊串联，形成教学、生活、运动为一体的复合空间。

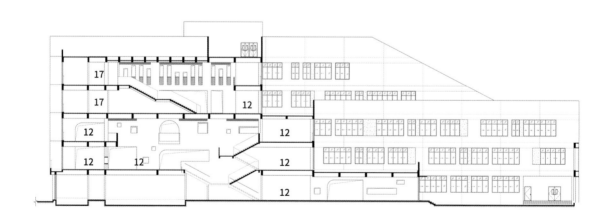

1. 600 人报告厅　2. 阅览室　3. 校史展览厅　4. 餐厅　5. 洗消间　6. 卫生间
7. 楼梯间　8. 学生教室　9. 临时教室　10. 教师办公室　11. 中庭　12. 公共活动区
13. 音乐教室　14. 器乐团教室　15. 器材室　16. 录音教室　17. 走廊

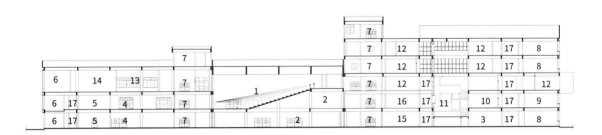

12　郑州金沙湖小学

Zhengzhou Jinsha Lake Primary School

项目地点：河南省郑州市

设计时间：2016 年

竣工时间：2019 年

占地面积：24723 平方米

建筑面积：23214 平方米

主要设计人：杨勐、李斌、刘伟庆

｜文教建筑｜

金沙湖小学位于郑州市经济技术开发区，设计以历史上的嵩阳书院"合院"的布局形态为原型，提出"春风回转、绿芽新萌、书街合院、文墨飘香"的设计理念。

建筑通过围合形成一个个小方院，在庭院内部营造露天剧场、绿色花园、开放平台，以及共享走廊等空间元素，不仅丰富了空间层次，而且还能鼓励学生在不同空间活动中形成人与环境的多感官相互作用，创造一个别有洞天、充满欢乐与绿色的学习交往空间。

上｜教学区庭院
左下｜校园低点透视
右下｜内庭院

13　广州南沙明珠湾开发展览中心
Guangzhou Nansha Pearl Bay Development and Exhibition Center

项目地点：广东省广州市

设计时间：2014 年

竣工时间：2018 年

占地面积：4300 平方米

建筑面积：1.17 万平方米

主要设计人：何镜堂、杨劲、郭卫宏、李斌、荣长青、朱晓平、田苗

　　　　　　　　　　│ 文教建筑 │

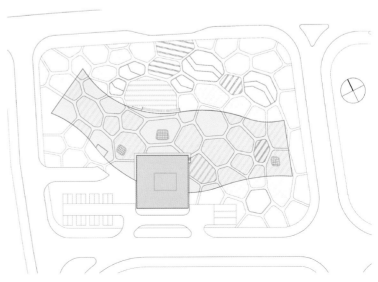

上｜展览馆

下｜总平面图

左上｜展览馆东侧鸟瞰
左中｜展览馆西侧视角
左下｜展览馆西侧鸟瞰
右上｜展览馆俯视图
右下｜展览馆游园小径

　　"鱼塘印记，隐而成景"是南沙明珠湾开发展览中心建筑设计的基本理念。建筑设计一方面充分挖掘南沙的地域性文化与特色，围绕"桑基鱼塘"这一再现地域文化印记的母题展开，并以此为符号，同时切分上人屋顶和室外环境平面，使建筑和景观融为一体。另一方面建筑不凸显自己的力量，而是隐匿在环境中化作景致，并以此为理念，用建筑的"整体观"思考与把握设计。

｜文教建筑｜

明珠湾展览中心就像大环境里微微抬起的一个小缓坡，隐而成景，完全融入环境。展览馆采用地景形式，消隐自身体量而成为场地的延续，同时作为一座开放的城市公园服务大众。

通过坡度的设计，将北侧的江面气息延伸至建筑屋顶，柔性的曲线弱化了建筑的边界感，使建筑与周边环境融为一体。

左｜屋顶花园
右上｜屋顶花园
右中｜屋顶花园细部夜景
右下｜展览馆入口

左上 | 屋顶花园入口
左下 | 建筑细部
右 | 亲水平台

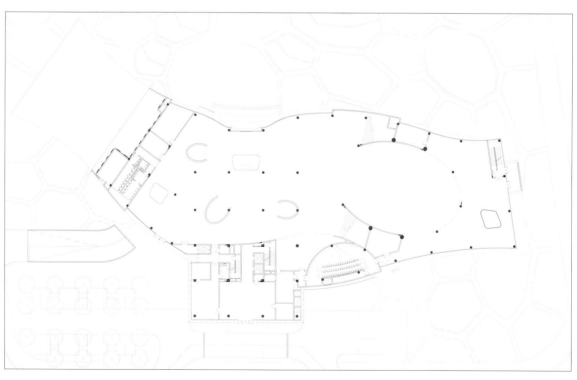

在室内设计中，展览大厅的地面铺装和天花灯带再次利用"桑基鱼塘"的元素符号，呼应室外环境。另外，还有三个直通天面的鱼塘形的玻璃采光井作为室内庭院种植的补充光线，室内外的设计元素借此再一次串联起来。

上｜室内展厅
下｜一层平面图

专题　鱼塘印记，隐而成景
——广州南沙明珠湾开发展览中心的设计构思

引言

广州南沙明珠湾开发展览中心位于南沙区灵山岛凤凰一桥的东侧，建筑面积约1.16万平方米，主要功能包括明珠湾规划建设展览馆（裙楼）和南沙城投开发建设指挥部现场办公场所（6层塔楼）两部分。展览馆入口在北面，面向江面，游客可在游览展览馆时欣赏开阔的江景，办公区入口布置在南面，紧邻总部办公，能远眺明珠湾总部办公区和蕉门水道（图1）。

作为南沙新区明珠湾起步区启动的首栋建筑项目，明珠湾展览中心是新区的入口门户，属于城市重要景观控制地段。因此在合理安排各功能区的前提下如何体现地域文化特色、打造城市景观节点便成了设计思考的重点。

图 1　广州南沙明珠湾开发展览中心

1. 建筑的地域性表达

"优秀的建筑总是扎根于具体的环境之中，与当地的社会、经济、人文等因素相适应，与所在地区的地理气候、具体的地形地貌和城市环境相融合。"

1.1 场地肌理还原与地区文脉的延续

建筑设计应体现当地历史文化传统和生产生活习俗，现代主义运动以来，在建筑设计领域尽管有国际式建筑风行的阶段，但广为流传的优秀作品，都在方案创作过程中，充分搜集本土的地理信息并对当地历史文化进行深入考察，都是扎根于土地，融入当地文脉之中的。

南沙是广州最南端的市辖区，地处珠江出海口和大珠江三角洲地理几何中心。"一川蕉林绿，十里荷花香，千池鱼跳跃，万顷碧波流"是南沙的真实写照，"桑基鱼塘"作为岭南地区特有的一种人工生态系统在南沙被广泛利用，是南沙地区长久的农业生产文化的代表之一，这种挖深鱼塘、垫高基田、塘基植桑、塘内养鱼的高效生态循环模式不仅促进了相关农业的繁荣，也形成了阡陌纵横、辽阔壮美的独特地貌景观（图2）。

图2 "桑基鱼塘"地貌景观

明珠湾在被征用为城市开发建设用地之前是大面积的桑基鱼塘和农垦田地。"又见春风化雨时，瑶台一别未言痴。殷红莫问何因染，桑果铺成满地诗。"南国的桑葚曾是多少人心里淡淡的乡愁，而展览馆作为开发区承载记忆的起点，也决定将"桑基鱼塘"作为设计的主要元素，经过形式的提炼与异化，在建筑屋面、景观、室内设计中加以运用。此外，开发展览中心灵动活泼的建筑造型、"鱼鳞"和"灯塔"的表皮肌理，都与南沙海洋文化开放、包容的精神相契合，旨在展现南沙人民拼搏与进取的精神，使建筑、环境与地域文化和谐相融。

1.2 岭南建筑的气候适应性

广东地区夏天天气炎热，岭南建筑十分注重通风、遮阳和隔热设计，岭南传统的"天井""冷巷"等建筑形式就是很好的例证。明珠湾开发展览中心采用主动与被动相结合的绿色节能措施，整体达到绿色二星标准。特别是裙楼与塔楼的立面构造设计，兼顾了立意、美观与节能性能。

展览馆立面采用开放式陶板幕墙，陶板前后交错形成多变曲面，即"鱼鳞"表皮。幕墙系统将陶板固定形式改为开放式，用挂件代替螺钉，陶板背后的空气层与室外的空气是相通等压的，能防止雨水由于压力差进入室内，冷凝水和少量的渗漏水可以通过每层设置的排水板分层排出。

另外，展览馆的种植屋面可以实现良好的夏季隔热和冬季保温效果，同时兼具雨水收集的功能。雨水沟排水系统能将屋面的雨水收集至回用装置，经处理后加压供给室外绿化浇灌和景观补水。

指挥部办公楼外立面采用双层玻璃幕墙，即"灯塔"立面，白天看塔楼如晶莹剔透的宝石一般，反射周边的景象来消隐自身，夜幕降临又化作灯塔闪耀在江边。外层幕墙为开放式，底面与顶面开敞，并在每层层线位置设通风百叶，内层选用中空Low-E玻璃（低辐射玻璃），配有可开启扇。为方便幕墙的日常维护，双层幕墙间设了一道金属网通道，空腔内的拔风效果显著，能形成呼吸通道，实现良好的自然通风与隔热效果（图3）。

图3 指挥部办公楼的双层玻璃幕墙

2. 整体化设计

"就一幢具体的建筑而言，它涉及城市规划与景观营造、文化传承与创新、建筑功能与造型、内外空间布局和科学技术的应用等方面，面对错综复杂的影响因素，建筑师首先需要从整体上去把握，要树立正确的建筑整体观。"

2.1 建筑体量组合的整体考虑

凯文·林奇将城市形体环境要素归纳为"道路、边界、区域、节点、标志物"，明珠湾开发展览中心在区域边缘，面临城市主干道，是进入明珠湾的市民将看到的第一幢建筑物，除了承担相应的办公与展览功能，其自身更是一个彰显新城活力、吸引人们参观与体验的景观节点。因此，我们将"隐而成景"作为建筑设计的一个主要目标，在体量上整体考虑功能安排与景观元素创造，最终形成展览馆与办公楼一曲一直、一低一高、一实一虚的体量组合。

展览馆采用地景形式，消隐自身体量而作为场地的延续，同时作为一座开放的城市公园服务大众。建筑基地的西侧是城市主干道和居住区，北侧是滨江路和江面，为了吸引人流并获得良好的景观面，将展览馆由西北向东南方向起坡，通过坡度的设计将环境延伸至建筑屋顶，柔性的曲线边界弱化了建筑的边界感，使它与周边环境融为一体。

指挥部办公部分是6层高的塔楼，与展览馆的南侧中段镶嵌咬合，利用玻璃材料将6层高的办公楼体块虚化，透明玻璃倒映着蓝天的色彩，仿佛也成了天空的一部分。谦逊而精致，明珠湾展览中心就像大环境里微微抬起的一个小缓坡，隐而成景，完全融入环境。

2.2 建筑、景观一体化设计

专业划分有助于提高设计工作的效率，但也形成了各专业之间的壁垒，"将环境教育放在首位，是因为它不仅关系到我们的专业，而且影响整个社会，在今天，与建筑设计自身相比，景观设计可能对社会有更深刻的影响，绿化则具有补偿性的作用，所以研讨地景形式与挽救策略应该是很有必要的。"明珠湾开发展览中心是一个小而精的建筑项目，我们在设计之初就将建筑、景观和室内专业的设计工作整合到一起，将"承载南沙记忆，宣扬地域文化"作为设计出发点贯穿各专业设计工作始终，将建筑内外环境融为一体，建立一体化场所精神。

我们以"桑基鱼塘"这一南沙独有的地域文化印记为切入点，整体考虑上人屋面和室外场地景观设计，忽略建筑投影的边界，对"桑基鱼塘"的肌理进行提炼抽象，通过母题拓扑的方式，使其在俯视图上延伸，对展览馆的屋顶花园和建筑外部场地进行平面切割，勾画出大小不同的公共空间，划分的地块内有些种植灌木和小乔木，有些设置平坦的草坪，起伏有致，形成大小不同的广场、水池和花池等空间，从空中鸟瞰建筑与场地浑然一体，就像南沙广袤的农业用地的再现（图4）。

在室内设计中，展览大厅的地面铺装和天花灯带都在再次利用"桑基鱼塘"的元素符号，呼应室外环境；另外，还有3个直通天面的鱼塘形玻璃采光井作为室内庭院种植的补充光线，室内室外的设计元素借此再一次串联起来（图5）。

图4 展览馆外的屋顶花园

图5 展览大厅内部

2.3 平面功能与形式的一致性

一曲一直、一低一高、一实一虚的体量分别对应展览与办公两种功能，曲面大空间适合布展，而方正的塔楼平面有益于办公功能排布，"低"而"实"的展览馆有助于组织人流和控制光量，"高"而"虚"的办公楼则能获得良好的视野与景观。

展览馆的平面主体为通透流动的大空间，颇有密斯巴塞罗那展览馆流动空间的韵味，各个展厅围绕着椭圆形的总体规划模型展厅布置，除了3D环幕展厅和服务用房是封闭单元，其余展厅只用少量弧形片墙简单示意区隔。另外，在"抬起的"西侧设置夹层，借此组织两组参观流线来适应不同需求（图6）。办公楼4~6层则围绕通高庭院布置，服务功能在东西两侧，将南北大面积的景观面留给办公空间。

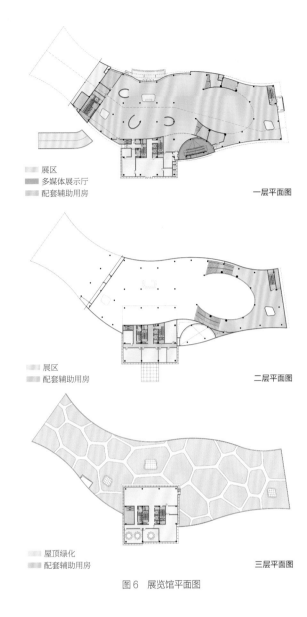

一层平面图

- 展区
- 多媒体展示厅
- 配套辅助用房

二层平面图

- 展区
- 配套辅助用房

三层平面图

- 屋顶绿化
- 配套辅助用房

图 6　展览馆平面图

结语

　　南沙明珠湾开发展览中心以一种谦逊又新颖的形象出现在广州未来之城中。一方面建筑设计充分挖掘南沙地域文化与特色，还原大地肌理、延续城市记忆，并根据当地气候特点做出适应性设计；另一方面建筑不凸显自己的力量，在环境中隐匿而化作景致，并以此为理念用建筑的"整体观"思考与把握设计。

　　南沙明珠湾开发展览中心 2018 年建成，受到市民、游客与业主的广泛喜爱，希望这个建筑能继续发挥作用，用建筑的地域性展现地区的人文文化、地域环境和时代特征，用整体化设计思路综合考虑城市、景观与建筑之间的关系，使建筑更好地履行功能、服务大众。

14 福建工程学院新校区图书馆
The Library of Fujian University of Technology New Campus

项目地点：福建省福州市
设计时间：2006 年
竣工时间：2013 年
占地面积：9248 平方米
建筑面积：40500 平方米
主要设计人：陶郅、杨勐、吕英瑾

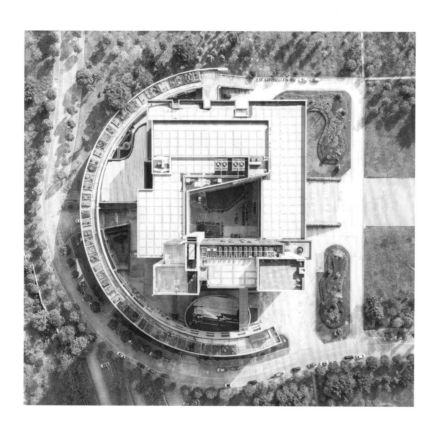

　　福建工程学院新校区图书馆位于福建工程学院新校区的东侧，是整个校园的中心地带，地位突出。用地为半圆形，半径约为78米。西侧为校园中心区观景湖，北侧远眺旗山湖，南侧与计算机楼隔水相望，周边环境极其优越。

左｜总平面
右｜图书馆入口

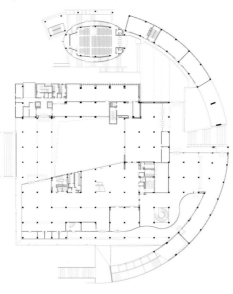

建筑物周边采用半圆形的环廊与地形呼应，环廊既是图书馆的一处入口，也是丰富有趣的观景走廊。多层的图书馆在水平方面逐渐内收，形成不同高度的屋顶平台。图书馆通过出檐深远的飘棚和二层架空形成丰富、开敞的入口空间，多个体块穿插咬合，虚实对比。

行政楼的塔楼坐镇中央核心地位。层层退台的裙楼簇拥着高层部分的行政楼，使其显得更加高崇，围绕建筑物的环廊加强了塔楼的中心地位和向心力。中心建筑和环形走廊之间高低错位的屋顶平台，形成了多层次的室外交流场所，同时也是良好的观景平台。

左上｜图书馆俯视图
左下｜二层平面图
右下｜图书馆中庭

建筑物层层叠叠，从任何一个角度看过去都有强烈的形体变化和虚实对比。建筑创造了很多灰空间，一条环形上升的坡道可以多角度欣赏建筑中心的塔楼、富于变化的内院空间，以及旗山湖美丽的景色，让学生在学习之余有更多的交流和休息的场所。

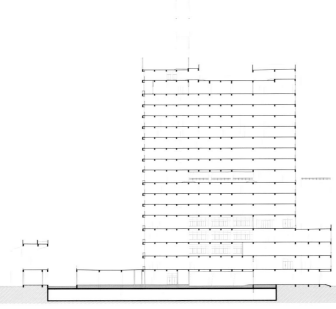

15 株洲创客大厦
Zhuzhou Maker Building

项目地点：湖南省株洲市
设计时间：2017 年
竣工时间：2020 年
占地面积：8514 平方米
建筑面积：35107 平方米
主要设计人：杨勐、许伟荣、荣长青、郑玉兰、刘凯

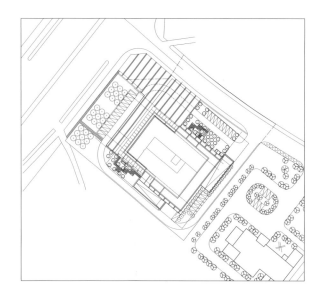

株洲是我国重要的重工业基地，正如其他以传统产业为支柱的工业城市一样，正在经历升级转型的蜕变。云龙新城作为科教中心和创新产业的聚集地，是株洲市新经济的摇篮和增长极所在。

项目采用介入的手法，用一种活跃、轻盈、像素化、科技感的建筑语言汇入云龙新城的现有肌理，带来一种变异和进化的意味。

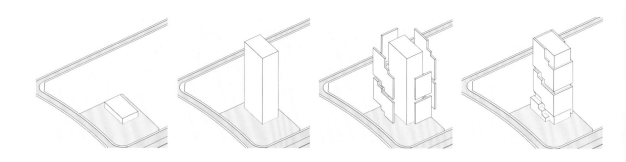

左上 | 建筑总平面图
左下 | 形体生成分析图
右 | 大厦西北侧透视图

　　螺旋上升的空中花园打破方正的建筑形体，隐喻直上云霄的通天之塔，以形会意，象征知识创新的曲折上升之路。

　　建筑立面较好地定义了项目科技创新的文化性格，用较低的成本实现了双层表皮的"可呼吸"的围护结构，也是对当下"绿水青山"主题的积极回应。

创客大厦是云龙新城南部片区内代表创新经济的标志性项目。项目以"通天灯塔、智慧之光"为概念，设计能够满足创新团队研发、路演、融资、孵化等全过程的使用需求，为使用者提供完善的产业空间和充分的产业、生活服务。

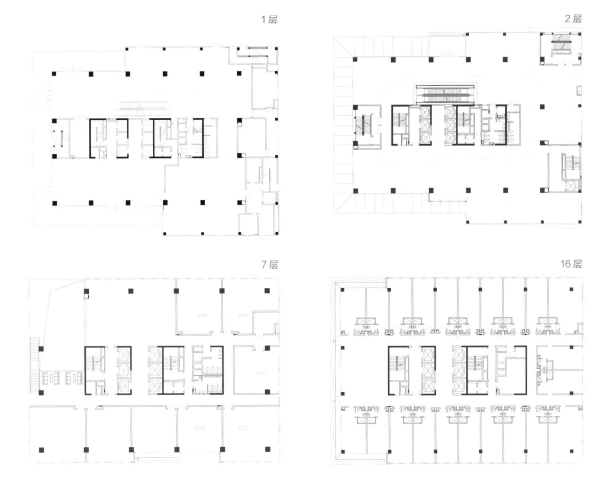

1层   2层

7层   16层

项目将创意产业全程化、链条化特点作为设计出发点，将工作、居住、生活服务和产业服务复合为创新系统，同业团队、关联团队、上下游团队都可以在此系统中获得更多的交流机会以及产业方面的支持和培育，形成创新产业集群和综合体。

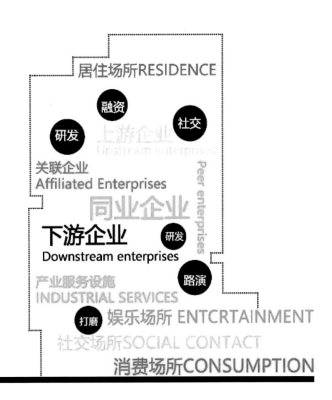

居住场所RESIDENCE

融资

研发   上游企业
        Upstream enterprises   社交

关联企业
Affiliated Enterprises

同业企业

下游企业   研发   Peer enterprises
Downstream enterprises

产业服务设施   路演
INDUSTRIAL SERVICES

打磨   娱乐场所 ENTCRTAINMENT

社交场所SOCIAL CONTACT

消费场所CONSUMPTION

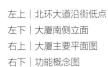

左上｜北环大道沿街低点
左下｜大厦南侧立面
右上｜大厦主要平面图
右下｜功能概念图

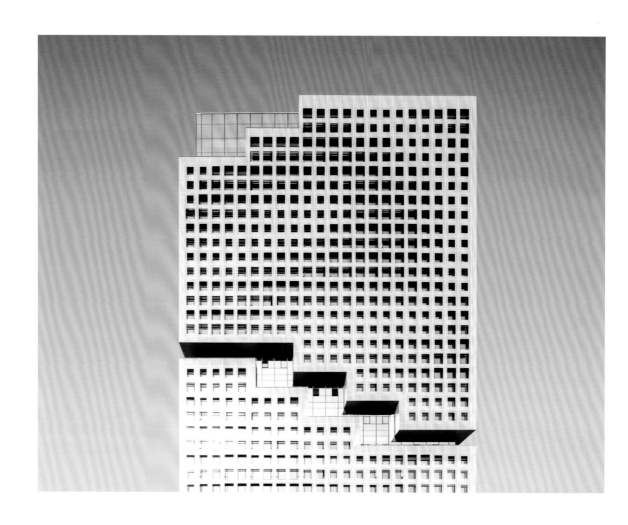

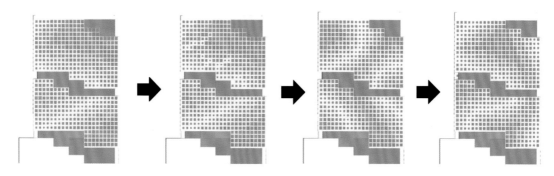

左上｜大厦南侧局部立面

左下｜参数化曲线干扰

右下｜四种规格的铝板组合

右上｜双层幕墙结构

建筑立面采用经济的材料形成双层表皮设计，内侧墙体为普通铝合金带形窗，外侧为单层穿孔遮阳铝板。双层表皮结构可在建筑外围形成空气缓冲层，成为"可呼吸"的墙体结构，可提高建筑物的热工性能，有效降低能耗。

内侧墙体设大开启角度的内开通风窗，风可通过穿孔外围护结构进入室内，维持宜人舒适的室内风环境。

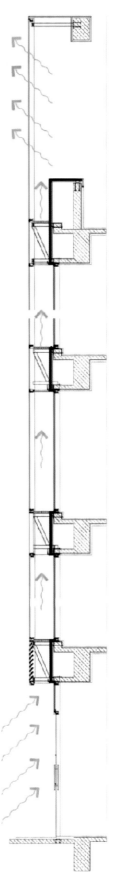

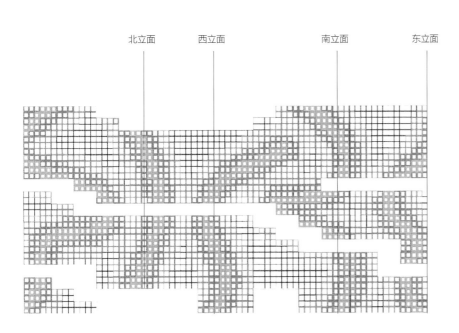

北立面　　　　西立面　　　　　　南立面　　　　　　东立面

16 路福联合广场

ROFO Union Plaza

项目地点：广东省广州市
设计时间：2009 年
竣工时间：2018 年
占地面积：5342.8 平方米
建筑面积：63633.3 平方米
主要设计人：陶郅、杨勐、许伟荣、刘琮晓、李波

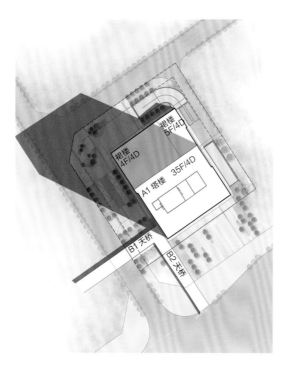

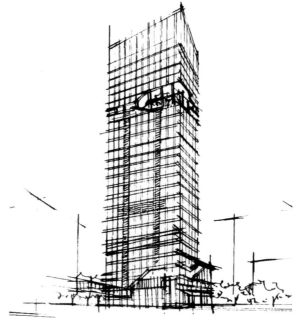

在城市高密度化与创新经济蓬勃发展的背景下，出于理性与秩序，开发者希望在超高层建筑庞大的投资中获得最大的经济回报；而出于对灵活空间的追求，创新产业从业者渴望在规则之外创造新气象。

｜办公建筑｜

路福联合广场设计无疑是对秩序空间异化的一次成功尝试。本项目对非计容空间的公共性进行了探讨，在井然有序的空间及立面逻辑下，将办公空间和酒店之间的高区避难层进行放大。这一变异使得一处具有包容性的共享空间悄然形成，给予了使用者和城市互动的机会，同时也为创新从业者提供了创意沃土。

左｜沿街低点
右｜入口空间

在设计中，我们以"交融"的想法塑造建筑，重拾高层建筑的城市属性。通过一系列室内外共享空间的设计构成聚落的核心，将庞大而枯燥的传统办公楼整合为有凝聚力的聚落社区。人们可以合作、交融，创意由此蓬勃发展，人气和效率进而提升。

左｜沿街鸟瞰
右｜东北侧立面图

｜办公建筑｜

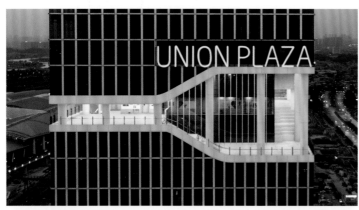

封闭、消极的设备区和避难区

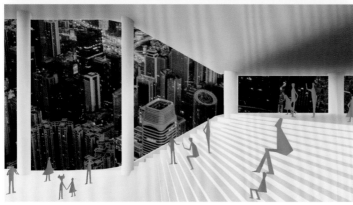

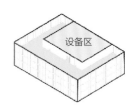

开敞、积极的展望台和活动空间

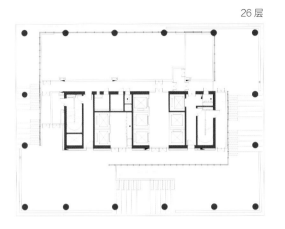

26 层

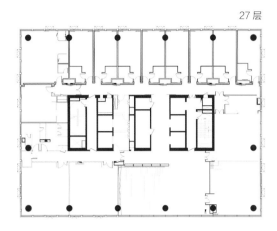

27 层

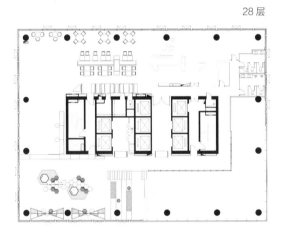

28 层

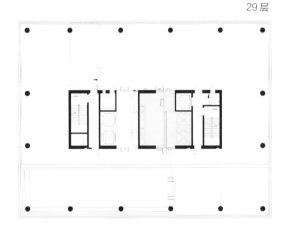

29 层

借助空中架空层、深远挑檐和通透视野的设计，将高层建筑久违的岭南韵味带回公众的生活，营造一个适合亚热带的、温润、包容、可以拥抱阳光和微风的户外交流空间，有潜力成为一处公共目的地。

人们可以沐浴到来自露台和空中展望台的阳光，享受室内外环境的"交融"。这些空间成为可以放松、交谈或进行非正式合作的社交聚会中心，激发创意的灵感。

左上｜避难层局部鸟瞰
左下｜概念分析图
右｜主要平面图

17 晋江陈埭民族中学体育馆
Jinjiang Chendai Minority Middle School Gymnasium

项目地点：福建省晋江市
设计时间：2017 年
竣工时间：2021 年
占地面积：8792 平方米
建筑面积：7700 平方米
主要设计人：杨勐、李斌、朱晓平、高浩、祖延龙

下｜黄昏下的体育馆

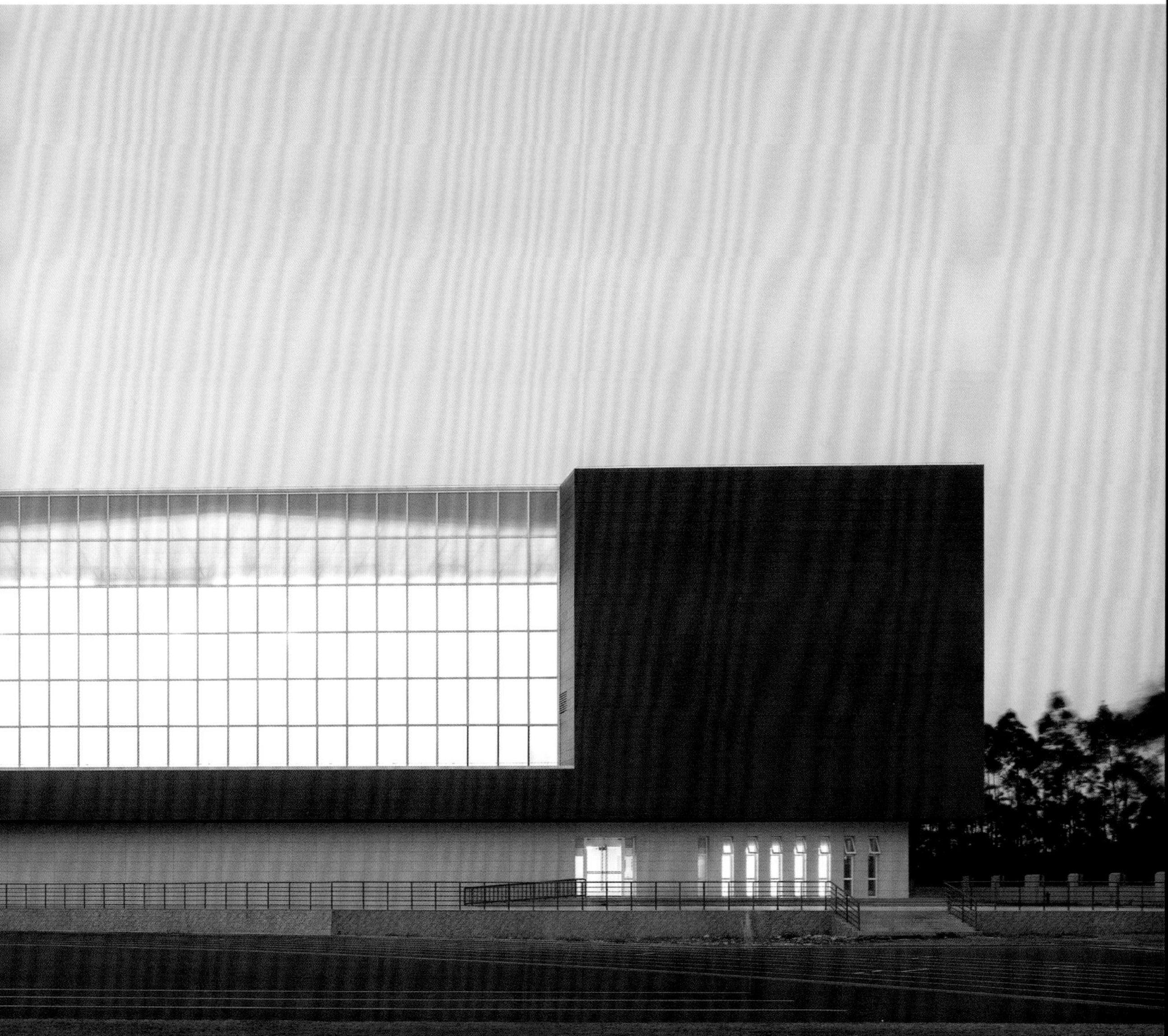

项目为举办2020年世界中学生运动会篮球比赛而建，包含比赛馆、训练馆和一个小型多功能厅。建筑采用简约纯净的风格，由两个巨大的盒子组成。

其中较大的为体育馆，较小的为训练馆，两个体量由一层较低的建筑物连接在一起。带有节奏感与韵律感的建筑形体保证了建筑形式与功能的均衡。

体育馆总建筑面积约7700平方米，比赛馆坐席总数为1989座，其中活动坐席1608座，固定坐席373座，残疾人坐席8座，能够根据需求满足不同规模、多种类型的体育赛事需求。

左｜室内局部
右上｜平面图
右下｜主要剖面图

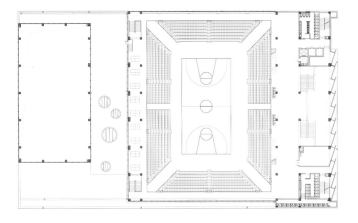

一层平面图

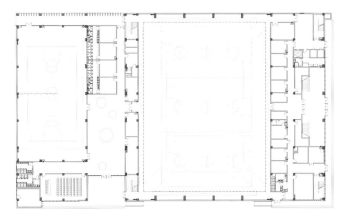

二层平面图

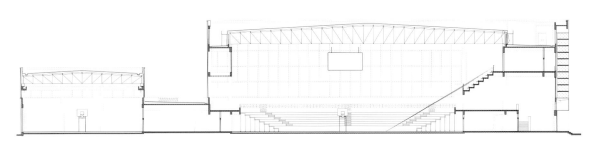

剖面图

18 漳浦文体中心体育馆

Zhangpu Culture and Sports Center Gymnasium

项目地点：福建省漳浦县
设计时间：2013 年
施工时间：2014 年至今
占地面积：335600 平方米
建筑面积：61500 平方米
主要设计人：何镜堂、郭卫宏、杨勐、向科、李晖浩、李波

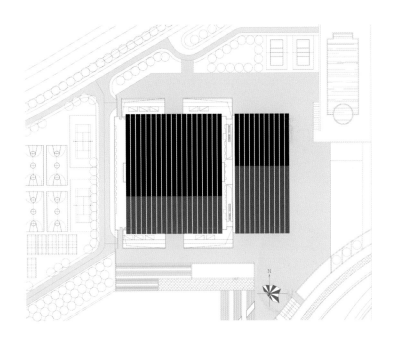

　　漳浦文体中心包含体育中心（体育场、体育馆、游泳馆）和文化中心（群众文化活动中心、博物馆、图书馆、档案馆、科技馆等），意在打造一个福建省内一流、现代化水平较高且具有漳浦文化特色的文体中心，成为漳浦县城的重要城市节点和文体动力引擎。本项目为体育中心的体育馆部分。

左 | 鸟瞰图
右 | 总平面图

建筑造型从传统闽南建筑中获得灵感，通过对传统闽南三川脊屋顶的抽象和适度夸张，通过对比例的反复推敲，形成一个标准母题单元，凸显了建筑轮廓的灵动和古典意象。

体育馆立面呈三段式设计，分别为基座、墙身和屋面。建筑的主入口设计了具有传统闽南民居入口意象的门头。建筑首层的基座也使用红砖再现传统闽南建筑的特征。墙身侧重表达屋面的轮廓，强调出檐，形成复合表皮模式。

左｜入口鸟瞰
右上｜低点透视
右中｜立面细节
右下｜穿孔板细节

| 体育建筑 |

左上 | 体育馆室内
左下 | 屋顶细节
右上 | 平面图
右下 | 剖面图

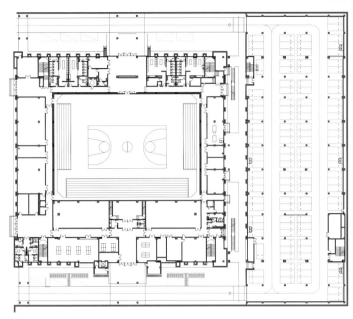

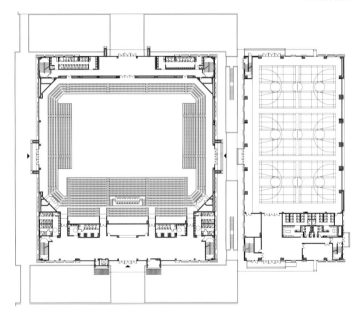

剖面图

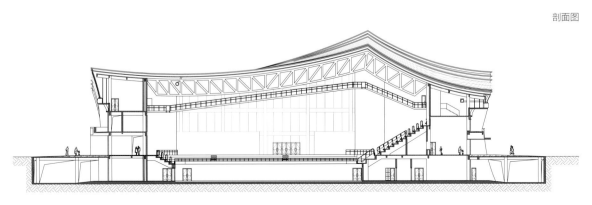

19 澳门大学横琴校区体育馆和体育场
Gymnasium and Stadium of University of Macau Hengqin Campus

项目地点：广东省珠海市
设计时间：2011 年
竣工时间：2014 年
占地面积：18377.34 平方米
建筑面积：29275.9 平方米
主要设计人：何镜堂、黄骏、杨勐、刘琼晓、李波

本项目是澳门大学横琴新校区体育中心的主体建筑，位于校园西北角。设计强调参与性与开放性，为多样功能、空间和行为建立联系，提高使用效率和活力。

项目通过内街的设计为不同的功能和空间建立起内在联系，又采用高度集约且向空中垂直生长的布局提高了项目的使用效率。

左｜教学区远望体育馆
右｜体育馆鸟瞰图

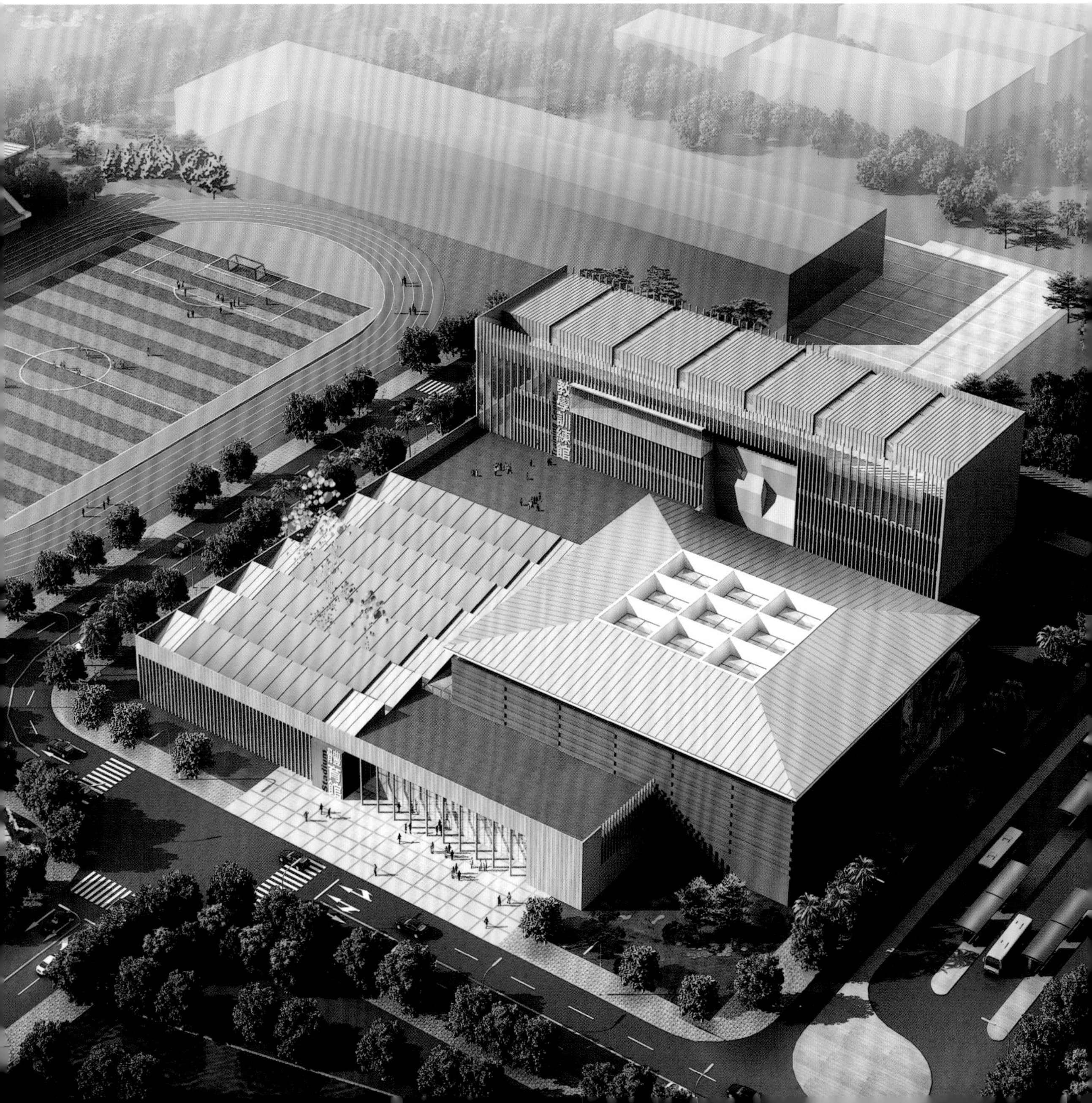

综合性室内体育馆为五层建筑，主入口位于南面和西面，南面面向整个西区校区方向，西面与田径场联系紧密。体育馆功能布局集约紧凑，通过高效立体化步行系统串联若干多功能房间。

篮球馆采用顶部折射采光天棚，通过遮阳材料使光线均匀漫射到室内。游泳馆、训练馆屋顶天窗的开启方向和构造是基于防眩光设计的。斜坡屋顶的造型很好地融入校园的周边环境。

右上｜体育馆内场
下｜体育馆效果图

体育馆设计方案从水平和垂直两个维度进行展开，利用建筑立面布置攀岩等户外活动设施，将各种元素巧妙融合为一组功能与空间高度集聚的体育综合体。

为显示其独特性，立面设计采用与校园其他建筑截然不同的现代风格，又通过局部坡顶造型实现与校园整体风格的对话与呼应。

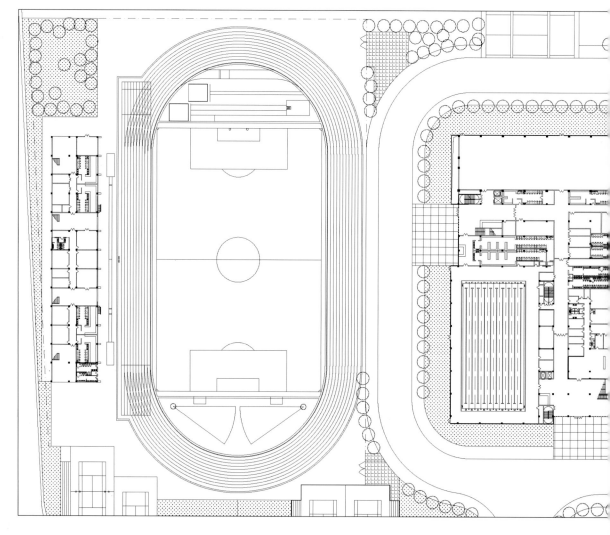

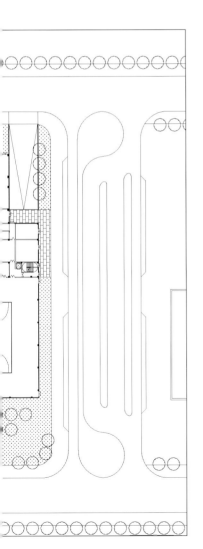

20　福州大学新校区综合训练馆

Composite Gymnasium for Training in New Campus of Fuzhou University

项目地点：福建省福州市
设计时间：2004 年
竣工时间：2006 年
占地面积：12650 平方米
建筑面积：10800 平方米
主要设计人：陶郅、杨勐

下｜训练馆入口

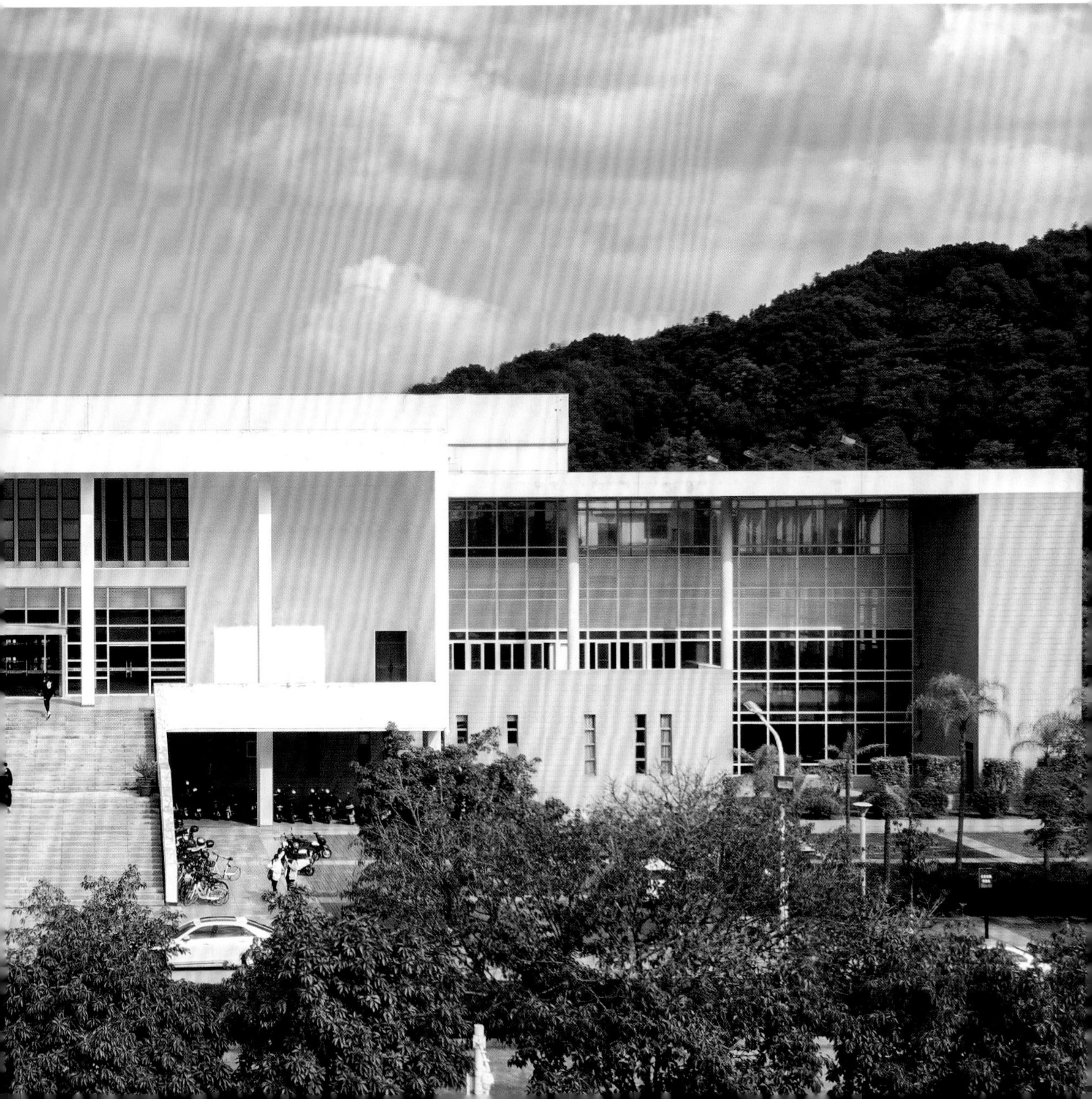

福州大学新校区综合训练馆位于福州大学新校区南侧的体育区内，靠近西南侧学生生活区次入口。校方希望设计一座含两组60米跑道，一组跳远、跳高设施，两个篮球场地，以及其他室内运动空间的风雨操场。

设计团队对校园总体规划进行了认真研究，考虑到新校区的体育馆和礼堂规划建设时期比较晚，认为学校需要一座拥有大跨度公共空间的建筑来承担一部分体育馆和礼堂的功能。

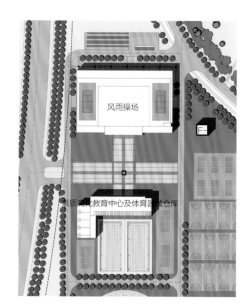

左上｜训练馆鸟瞰
左下｜总平面图
右下｜训练馆入口

平面的核心空间是34米×52米 的比赛场地，将其他的运动场地和附属的功能性用房围绕核心空间布置。设计中将不同空间尺度的功能块，按照不同运动场地的模数尺寸以一种有机的方式相加进行重新组合，使平面布局十分紧凑。

立面设计着重考虑在体型和结构形式上表现体育建筑的动态和个性，通过挑檐深远的折板造型展现结构的力量，呼应体育建筑的个性，并且产生较好的遮阳效果。

左上｜训练馆北立面
左中｜训练馆内部
左下｜训练馆沿街视角
右上｜二层楼梯
右下｜首层平面

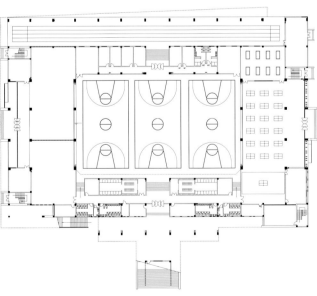

专题 福州大学新校区综合训练馆设计
——功能块立体叠加的复合体育空间

引言

高校体育场馆的建设在多功能、多适应性上提出了更高的要求。在福州大学新校区综合训练馆的设计中通过平面、剖面和立面的整体设计实现了提供尽可能多的运动场地的设计目标，体现了"少费多用"的设计原则。

随着高校体育教育逐步向康体转变，高校的体育场馆出现了有别于传统的设计倾向。传统的高校体育场馆大多参照社会型体育场馆建设，以竞技体育为目标，注重体育设施的专用性，强调封闭管理，往往使用功能单一，使用效率低下。如今竞技体育仅发生在部分学校和少数场馆，大学生的体育活动类型以增强体质和娱乐休闲为主，这对高校体育场馆的建设在多功能、多适应性上提出了更高的要求。

1. 项目概况

福州大学新校区综合训练馆位于福州大学新校区南侧规划的体育区内，靠近学生生活区进入校区的西南区次入口（图1）。校方希望设计一座含两组60米跑道，一组跳远、跳高设施，两个篮球场地，以及其他室内运动的风雨操场。在对

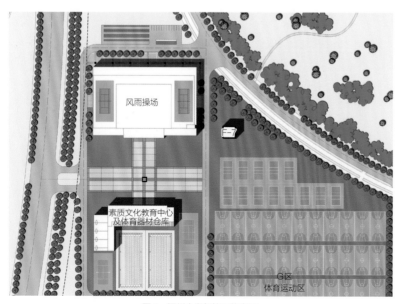

图1 福州大学新校区体育区

校园总体规划进行认真的研究后，考虑到新校区的体育馆和礼堂规划建设时期比较晚，学校需要一座拥有大跨度公共空间的建筑来承担一部分体育馆和礼堂的功能，如比赛、表演等，因此在方案设计中笔者将风雨操场定位为一个可以提供多种使用功能的综合性体育建筑。

2. 功能块有机相加的平面布局

平面的核心空间是34米×52米的比赛场地，将其他的运动场地和附属的功能性用房围绕核心布置。设计中将不同空间尺度的功能块，按照不同运动场地的模数尺寸以一种有机的方式相加进行重新组合，使平面布局十分紧凑。

首层的运动场地南北两侧加入办公和运动员更衣沐浴的功能块，东西两侧加入体操、健身、乒乓球等小型运动场地的功能块，形成63米×99米的长方形。直跑道是训练馆经常使用的功能之一，因此在长方形的北侧再加入一块9米×99米的条形作为6条80米的直跑道使用（图2）。

二层平面围绕综合运动场地上空的周边布置了4条200米室内环形跑道，不但可以解决体育课考试的用途，而且今后可以作为学校体育馆建成后组织比赛时运动员的热身场地。东西两侧设置了跳高的场地，北侧在平面加出的80米直跑道上部设置跳远和三级跳远的场地（图3）。通过二层平面的直跑楼梯可以上至夹层的观众席，上层观众坐席为980座，如果加设活动坐席680座，可以满足1660人左右观看比赛、表演和电影。

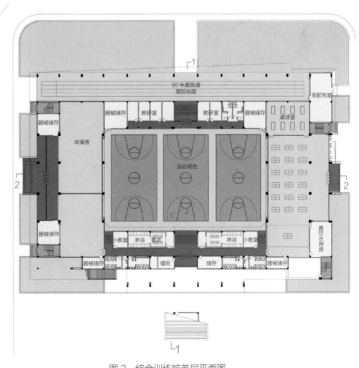

图2　综合训练馆首层平面图

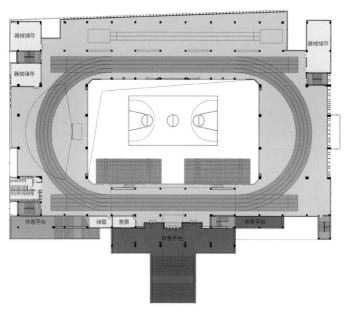

图3 综合训练馆二层平面图

屋顶设置两个标准网球场，利用中央体育场地高出屋面的墙体和周边局部升高的女儿墙作为围网，并在北侧设置屋顶花园和咖啡厅营造舒适的运动环境（图4）。

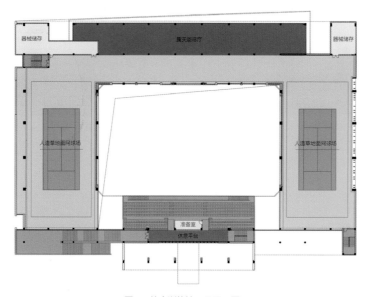

图4 综合训练馆三层平面图

综合训练馆总建筑面积为10800平方米，作为一个综合性的高校体育建筑，虽然面积不大，但平面设计紧凑，拥有可并排设置3个篮球场的室内运动场地一块、80米的直跑道6条、200米的环形跑道4条、2个网球场；提供可进行体操、健身、乒乓球、桌球等运动项目的使用空间2400平方米，办公、淋浴、更衣、器械储藏等附属使用面积1500平方米，并通过设置夹层设置了近千人的固定坐席。不但提供了多种体育教学的可能性，同时还提供了相当数量的固定看台满足比赛和娱乐的使用功能，极大地提高了空间的利用率。

3. 运动场地竖向叠加的剖面布局

训练馆中央体育场地的大空间的净高度大于15米，设计中在三个不同标高上将不同的运动场地在竖向进行叠加，形成了围合大空间的多层布局，不但充分利用了剖面高度，而且大幅度降低了训练馆的投资。在4.5米标高以下设置体操、乒乓球等对层高要求不高的室内项目；4.5～10.8米标高内设置环形跑道和三级跳远设施，6.3米的层高使室内的运动空间感觉舒适；在10.8米标高部分设置网球等室外项目。（图5）

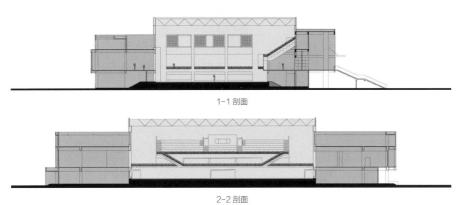

1-1 剖面

2-2 剖面

图5　综合训练馆剖面图

同时利用比赛场地的上空高度，在环形跑道顶部3米之上布置了夹层的看台。将比赛场地的大空间由34米延长到44米，即可满足千人的使用规模。

由于综合训练馆的看台承担着礼堂的使用功能，视线设计上若满足观看篮球比赛的要求即可满足会议、表演、电影的要求。因此视点选择在篮球比赛场地边线上空300毫米处，起始距离12米，作为运动缓冲带和替补运动员休息地。观众坐席采用每排升起60毫米，最大视角25.6度，最远视距为22.2米，既可满足手球、篮球等球类观看的清晰视距，同是也达到了欣赏歌唱、舞蹈等文艺表演的清晰视距。

4. 简约实用的立面设计

立面设计（图6）着重考虑在体型和结构形式上表现体育建筑的动态和个性，通过挑檐深远的折板造型展现结构的力量，呼应体育建筑的个性，并且能产生较好的遮阳效果，在保证自然通风的基础上进一步改善室内的使用效果（图7）。屋面采用简单的压型钢板屋面。屋盖平面仅覆盖综合体育场地和观众席，跨度为54米×61.5米，结构形式也采用简单的平面网架体系，避免过度强调屋面体型而大幅度提高整体造价。

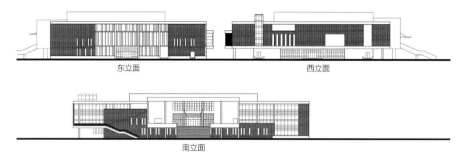

东立面　　　　　　　　　　　西立面

南立面

图6　综合训练馆立面图

图7　综合训练馆建筑立面

5. 整体设计方法

为了达到提供尽可能多的运动场地的设计目标，笔者在设计中通过平面、剖面和立面的整体设计完成了一个三向度的复合空间，来实现建筑空间组织和利用的高效率，体现了"少费多用"的设计原则。

①对有效平面进行充分利用：平面布局方正并符合场地模数，发掘体育场馆的

外围空间设置跑道和小型球类的运动场所，抬高屋顶女儿墙设置网球场。

②竖向空间的有效利用：剖面设计上围绕主场地分层组织多种运动场地；利用比赛场地的上部空间设置固定坐席，并选择合适的视点，满足多种使用要求的需要，同时可根据需要增加活动坐席的设置。

③立面简洁朴素，设计上不刻意强调体育建筑的标志性，强调与学校整体建筑风格相协调，融入校园整体环境。

结语

设计增加了综合训练馆的功能，由于功能布置紧凑，空间利用合理，提供的运动场所占到总建筑面积的80%，但工程的总投资并未因此而大幅度提高，决算价仅为1950元每平方米，比同类型建筑减少30%以上。

21 广西玉林市体育馆
Yulin Gymnasium

项目地点：广西玉林市
设计时间：1999 年
竣工时间：2002 年
占地面积：49667 平方米
建筑面积：10600 平方米
主要设计人：陶郅、杨勐

左｜建筑平面图
右｜建筑沿湖人视图

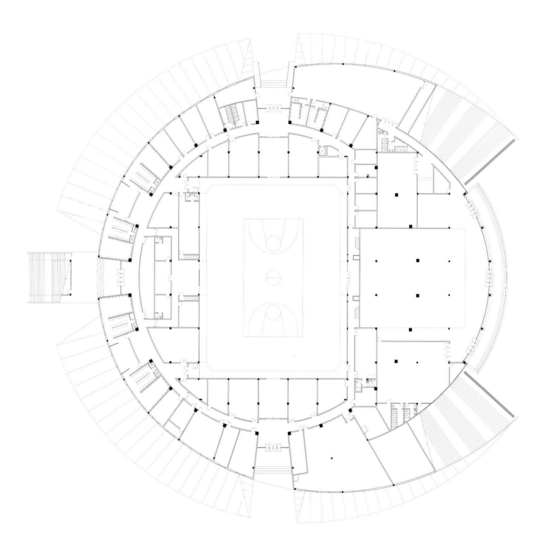

　　玉林体育馆主入口面向东侧的江南大道，是城市主要人流的来向。建筑布局产生一种内聚力，展开双臂迎接来自城市的人流。体育馆坐落在绿色的台基之上，采用严谨的几何形体构图，产生强烈的雕塑感，雄伟庄重，极具个性，令其成为地段的地标建筑。

体育馆采用圆形的平面形式，外观为简洁的飞碟造型，立面通过横向的金属百叶穿插产生一种强烈的速度感，加强了建筑物的时代气息。光洁的金属屋面（铝镁锰合金）结合垂直的玻璃采光带形成的流畅线条，表现了体育建筑力与美的和谐。

宽阔的大台阶既解决了大量人流的疏散，也打破了传统体育馆一圈平台加四向大阶梯的呆板布局，倾斜的绿色地台有力地烘托了主体建筑的纯净和雄伟。

左｜次入口
右上｜二层平台大楼梯
右下｜远眺云天文化宫（左侧尖顶建筑群）

　　在体育馆大空间中实现自然采光通风，将大大减少能耗。通过高侧窗和天窗采光相结合的方式，体育训练和群众体育娱乐的比赛时，不通过设备采光就可以满足使用需要，大量节约经营费用。

　　高侧窗在屋顶下环形布置，阳光洒落时，整个屋顶如同飘浮在空中，产生一种轻盈梦幻的感觉。天窗通过遮阳和扩散材料，使光线均匀漫射到场内，光线柔和明亮。天窗同时可作为排烟口使用。

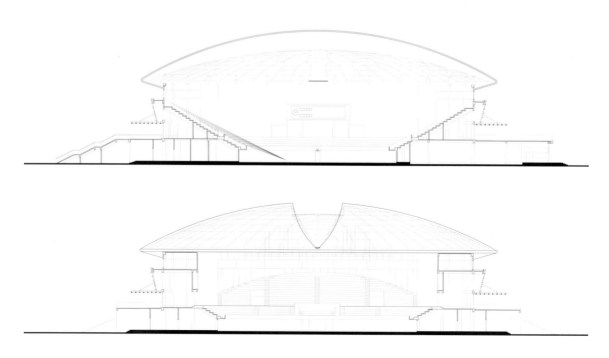

获奖项目
Winning Project

南京航空航天大学天目湖校区规划设计

2020年度江苏省优秀国土空间规划（城乡规划）奖二等奖
2019年广东省注册建筑师协会第九届广东省建筑设计奖·建筑方案奖公建类三等奖

南京航空航天大学天目湖校区建筑设计

2021年度江苏省优秀工程勘察设计三等奖
　·南京航空航天大学天目湖校区风雨操场
　·南京航空航天大学天目湖校区一期生活区
　·南京航空航天大学天目湖校区A4、A5实验楼组团

株洲创客大厦

2021年度广东省优秀勘察设计奖公建类三等奖

湖南铁路科技职业技术学院新校区

教育部2021年度优秀勘察设计规划设计一等奖

广州南站路福联合广场（超高层）

2021年度广东省优秀勘察设计奖公建类二等奖

2019年广东省注册建筑师协会第九届广东省建筑设计奖·建筑方案奖公建类二等奖

东莞松山湖大学创新城

2019年度全国优秀城市规划设计三等奖

2019年度广东省优秀规划二等奖

教育部2017年度优秀工程勘察设计规划设计二等奖

2014年度东莞市优秀建筑工程设计方案一等奖

广州南沙明珠湾开发展览中心

2019年IFLA国际大奖建筑整合类荣誉奖
2019年度全国行业优秀工程勘查设计（公共建筑）二等奖
2019年度广东省优秀工程勘查设计二等奖
2019年度中国建筑学会建筑设计奖（公共建筑）三等奖

东莞松山湖科技产业园区科学苑

2011年度广东省注册建筑师协会第六次优秀建筑创作佳作奖
2011年度广东省优秀工程勘察设计工程设计三等奖

福建工程学院新校区图书馆

2014年度全国工程建设项目优秀设计成果二等奖
2013—2014年度国家优质工程奖

玉林市体育馆

2005年度广东省第十二次优秀工程设计三
等奖

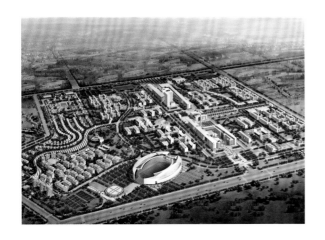

西安电子科技大学新校区

2005年度教育部优秀规划设计三等奖